波谱分析实验

曾凡龙　徐同玉　白银娟　编

科学出版社

北　京

内 容 简 介

本书为"十二五"普通高等教育本科国家级规划教材《波谱原理及解析(第四版)》(科学出版社,2021 年)的配套教材。全书共六章,包括绪论、紫外光谱法、红外光谱法、核磁共振波谱法、质谱法和综合解析。本书共精选 37 个实验,涵盖验证型实验、综合型实验和研究型实验三个层次的内容,以培养和提高学生的实践能力、探索与合作精神、自主学习与创新能力。

本书可作为高等学校化学、化工、材料、环境、生物、医药、食品及相关专业的实验教材或参考书,也可供从事波谱分析相关专业的技术人员和研究人员参考。

图书在版编目(CIP)数据

波谱分析实验 / 曾凡龙,徐同玉,白银娟编. —北京:科学出版社,2021.4

ISBN 978-7-03-063615-7

Ⅰ. ①波… Ⅱ. ①曾… ②徐… ③白… Ⅲ. ①波谱分析-实验-高等学校-教材 Ⅳ. ①O657.61-33

中国版本图书馆 CIP 数据核字(2019)第 272120 号

责任编辑:丁 里 李丽娇 / 责任校对:何艳萍
责任印制:张 伟 / 封面设计:迷底书装

科 学 出 版 社 出版
北京东黄城根北街 16 号
邮政编码:100717
http://www.sciencep.com

北京九州迅驰传媒文化有限公司 印刷
科学出版社发行 各地新华书店经销

*

2021 年 4 月第 一 版 开本:720×1000 1/16
2022 年 11 月第二次印刷 印张:7 3/4
字数:167 000
定价:49.00 元
(如有印装质量问题,我社负责调换)

前　言

　　波谱分析法是鉴定有机化合物分子结构的重要手段。波谱分析原理、技术和仪器制造的快速发展与进步，极大地推动了波谱分析仪器的普及，掌握波谱分析法的应用已成为当代化学、化工、生物、医药等领域工作者的基本功。目前，在大学化学实验教学中，波谱分析实验的内容多数以掺杂的形式出现在仪器分析实验、综合化学实验及有机化学实验教学中，很少有独立系统的波谱分析实验，这与当今的学科发展和社会需求不相适应。为此，有必要开展波谱分析实验课程的教学，使学生能够系统掌握常用波谱分析法的基本原理、仪器构造、测定技术和研究方法，切实提高实际操作能力，为将来的工作和深造奠定坚实的基础。

　　本书共六章，内容包括波谱分析实验的基础知识、实验的基本原理与操作、样品的分析与表征三个方面，既有经典验证实验，也有开放创新实验。在内容的选择上，既保持了与理论教材内容的一致性和系统性，又结合了教学发展需要与学科发展的前沿，注重体现新技术和新方法。第一章介绍波谱分析实验的特点、基本要求、实验室规则、样品的处理及表征方法的选择；第二至五章分别按照紫外光谱法、红外光谱法、核磁共振波谱法和质谱法的应用设计确定实验内容，介绍实验基本原理、样品的处理及谱图的测定和分析；第六章综合解析，介绍有机合成、天然产物及药物研究等复杂情况下样品的结构确定。全书在内容编排上由浅入深，既能帮助学生巩固理论教材的知识点，加深对波谱分析法在有机化合物结构鉴定、解析等方面重要作用的理解，又能增加学生接触各种仪器和具体实验的机会，在科学方法上得到初步训练，形成一个从知识学习到技能训练的完整教学过程。

　　本书编者均为西北大学化学与材料科学学院教学一线教师。具体编写分工如下：第一章，曾凡龙和白银娟；第二章和第三章，曾凡龙；第四章和第五章，徐同玉；第六章，白银娟。全书由常建华教授审阅。在本书编写过程中，常建华教授对写作整体思路和编写方案提出了许多宝贵的指导性、建设性的意见和建议；对内容的修改、补充、完善提供了详细的说明和参考。他广博的学识和严谨的态度令人钦佩。分析测试中心和实验教学中心的教师和工程师在实验复核中给予了热情和无私的帮助，在此一并表示衷心的感谢。

　　由于编者水平有限，书中不妥之处在所难免，恳请读者批评指正。热忱欢迎读者告知对本书的意见和发现的问题(E-mail：fzeng@nwu.edu.cn)。

编　者

2019 年 12 月

目　　录

第一章 绪 论

第一节 引 言

波谱分析是基于物质与电磁辐射相互作用时，物质发生能级跃迁而产生的发射、吸收或散射电磁波信号进行分析的一类分析方法，包括紫外-可见光谱、近红外光谱、红外光谱、拉曼光谱、核磁共振波谱等。质谱分析法的原理与上述几种波谱分析方法不同，但本书也将其纳入，这也是目前波谱分析类教材普遍的做法。波谱分析在确定化合物组成、测定化合物含量、鉴定化合物结构及探讨化学反应机理等方面发挥着极其重要的作用，广泛应用于化学、化工、石油、医药、食品、材料和环保等领域，是当代化学及相关领域从业者所必须具备的基础技能。因此，波谱分析课程已成为高等学校中许多专业的重要课程之一。波谱"解析"前提是波谱数据的"采集"。要学好、用好波谱分析，必须具备扎实的波谱分析实验基础。波谱分析实验一般包括：分析方法的基本原理、实验方案的设计、样品的准备、仪器设备主要参数的设定、实验数据的采集、谱图的解析、实验结果的表述等环节。学生通过波谱分析实验，可以对有关波谱分析方法的基本原理有更加深入的理解，了解常用仪器的基本结构、特点和应用范围，掌握必要的实验基础知识、实验方法和操作技能，学习实验数据的处理方法和实验结果的正确表述，为今后的学习和工作打下坚实的基础。理论可以指导实验，通过实验可以验证和发展理论，因此波谱分析实验和波谱原理及解析课程是相辅相成的。波谱分析实验课程的最大特点是各式各样的波谱分析仪器，这些仪器往往精密度高，价格昂贵，实验室一般不购置多套同类仪器设备，因此实验教学一般采用分组、轮转的方式进行。

第二节 波谱分析实验课程要求

一、实验室安全规则

(1) 进入实验室必须穿着实验服，佩戴护目镜或安全眼镜，并注意对不受实验服防护的身体部位进行保护。夏天不得穿着裸露小腿和脚部的服饰；头发较长者，应束起头发；不得佩戴有碍操作的饰品。

(2) 进入实验室后，首先确认淋浴器、洗眼器、灭火器材、紧急医疗箱和消防通道的位置。

(3) 不得在实验室内吸烟、饮食。

(4) 浓酸和浓碱具有腐蚀性，使用时注意安全。配制低浓度溶液时，应将浓酸注入水中，而不得将水注入浓酸中。

(5) 从瓶中取用试剂后，应立即盖好试剂瓶盖。绝不可将取出的试剂或试液倒回原试剂瓶或试液储存瓶内。

(6) 妥善处理实验中产生的有害废物。固体废物弃于废物缸内；废液按照废酸、废碱、有机溶液、含卤化合物等类别倒入专用的废液桶，以便专业公司回收处理。

(7) 使用汞盐、砷化物、氰化物等剧毒物品时应特别小心。氰化物不能接触酸，否则会生成剧毒的 HCN！氰化物废液应倒入碱性亚铁盐溶液中，使其转化为亚铁氰化铁盐，然后倒入专用废液桶内。H_2O_2 能腐蚀皮肤。接触过化学药品后应立即洗手。

(8) 将玻璃管、温度计或漏斗插入塞子前，用水或适当的润滑剂润湿，用毛巾包好再插，两手不要分得太开，以免折断玻璃仪器划伤手。

(9) 闻气味时应用手小心地把气体或烟雾扇向鼻子。取浓 $NH_3 \cdot H_2O$、HCl、HNO_3、H_2SO_4、$HClO_4$ 等易挥发的试剂时，应在通风橱内操作。开启瓶盖时，绝不可将瓶口对着自己或他人的面部。夏季开启瓶盖时，最好先用冷水冷却。若不小心溅到皮肤和眼内，应立即用水冲洗，然后用 5%碳酸氢钠溶液(酸腐蚀时采用)或 5%硼酸溶液(碱腐蚀时采用)冲洗，最后再用水冲洗。

(10) 使用有机溶剂(乙醇、乙醚、苯、丙酮等)时，一定要远离火焰和热源。用后应将瓶塞盖紧，置于阴凉处保存。

(11) 下列实验应在通风橱内进行：①样品预处理或分析过程中产生具有刺激性、恶臭或有毒的气体(如 H_2S、NO_2、Cl_2、CO、SO_2、Br_2、HF 等)；②加热或蒸发 HCl、HNO_3、H_2SO_4、H_3PO_4 等溶液；③溶解或消化试样。

(12) 若遇化学灼伤，应立即用大量水冲洗皮肤(使用实验室淋浴器冲洗)，同时脱去被污染的衣服；眼睛受化学灼伤或异物入眼，应立即将眼睛睁开，用大量水冲洗(使用实验室洗眼器冲洗)，至少持续冲洗 15min；若被烫伤，可在烫伤处涂抹黄色的苦味酸溶液或烫伤软膏，严重者应立即送医院治疗。

(13) 加热或进行剧烈反应时，操作人员不得离开现场。

(14) 使用电器设备时，应特别小心，切不可用湿手开启电闸和电器开关。凡是漏电的仪器均不要使用，以免触电。

(15) 使用精密仪器时，应严格遵守操作规程，仪器使用完毕后，将仪器各部分旋钮恢复到原来的位置，关闭电源，拔下插头，填写仪器使用记录，教师签字后方可离开。

(16) 发生事故时，要保持冷静，采取应急措施，防止事故扩大，如切断电源、气源等，并报告教师。

(17) 不得将实验室的药品、仪器配件等带出实验室。

二、波谱分析实验规则

(1) 实验前要认真预习。复习理论课教材的相关部分，并预习实验教材，以明确实验目的、基本原理、仪器的操作方法、实验方法和步骤、实验中注意事项等。写好预习报告，做好实验安排。

(2) 要爱护仪器设备，对不熟悉的仪器设备应先仔细阅读仪器的操作规程，听从指导教师的安排。未经允许切不可随意动手，以防损坏仪器。

(3) 实验过程中按照规定程序和步骤操作仪器，进行实验。实验中要始终保持实验室整洁，不乱扔乱放，有害废物、废液分类存放到指定的容器中，节约使用水、电、实验耗材等，养成良好的实验素养。若实验中出现自己不能排除的异常状况，应立即报告指导教师或工作人员，以便及时采取措施。

(4) 实验中必须以严谨和科学的态度对待实验，认真观察实验现象，准确记录实验数据。原始实验数据必须记录在实验报告上，不得随意删改、涂抹。若出现记录错误而必须修改的情况，可将需要修改的数据轻轻画一条线(仍要保持其处于可识别的状态)，并将正确的数据记在旁边。实验结束时，实验原始数据记录部分必须请指导教师检查，并签字确认。

(5) 实验结束后，整理自己专用的实验台面，所用仪器要清洗干净，摆放整齐，有使用登记册的要填写使用情况，并请指导教师验收签字。

(6) 每次实验结束后，安排值日生。值日生必须认真整理实验室公共使用的台面、实验边台并打扫实验室卫生、检查水电等。清理完毕请指导教师检查后，方可离开实验室。

(7) 撰写实验报告是实验的总结和提高，是完成实验课程不可缺少的重要环节。实验结束后应按要求及时写出实验报告，并在下次实验课前交给指导教师。实验报告的样式和包含的内容如下所示。

波谱实验报告

实验名称_____ 实验时间 ____年 ___月___日

学生姓名_____年级_____专业_____ 同组学生姓名_____

Ⅰ. 预习报告(应包括：①实验目的；②实验原理；③实验仪器；④主要试剂；⑤实验步骤等)

(特别说明：本部分内容指导教师在实验课前检查并签字确认)

指导教师签字：_____ ____年___月___日

Ⅱ. 实验过程记录(应包括：①测试样品的准备；②仪器参数的设置；③实验操作；④实验现象；⑤实验数据)

(特别说明：实验结束后，本部分内容需指导教师签字确认)

指导教师签字：_____ ____年___月___日

Ⅲ. 实验结果报告(应包括：①数据处理过程与结果；②所得结论及讨论；③实验建议与教材习题解答等)

指导教师签字：_____ ____年___月___日

Ⅳ. 指导教师对实验报告的评语及成绩

指导教师签字：_____ ____年___月___日

第三节　样品的准备

波谱法可以测定的对象来源广泛，按照化合物类别，无机物、有机物、高分子及生物大分子等都可以进行测定表征；按照样品的状态，可以是气体、液体和固体。进行化合物结构测定时，一般要求是纯品，并且符合上机条件。在测定前，需要根据样品的来源、性质及测定目的进行样品的准备。样品准备主要有三方面的工作，即用量、纯度及制样处理。

首先需要准备足够的量。样品分子结构、测定目的及波谱法的检测灵敏度等对用量都会产生影响。如果样品分子量大、结构复杂、没有重复单元，需要的量就多一些；定量分析比定性分析需要的样品量大；未知物或未见文献报道的化合物表征比已知结构验证复杂，需要的量也更多。从仪器方面来看，仪器检测灵敏度的提高和微量检测附件的配备，使得进行结构表征所需样品量不断减少。但化学绿色化的发展，合成、分离技术的进步，使得微量方法，如几十毫克的有机化合物的合成反应也比较常见，实验规模减小，产生的样品量也就少；在多步骤有机合成或天然产物的提取分离中，最后得到的样品量也可能很少。在这些情况下，需要根据实验情况，事先确定好原料投放量，为最后目标产物结构表征留足余量。

其次需有足够的纯度。在波谱法中，如果使用的仪器是色谱-波谱联用，如色质联用，或者是对样品做初步了解判断，则可以使用混合物。如果使用波谱法进行结构鉴定，大多数情况下要求样品是纯样。一般样品很难达到色谱纯或光谱纯，存在的杂质的量以其谱峰不会对样品谱图解析产生干扰为准。但这并不意味着杂质峰与样品峰不重叠就可以接受，通常要求杂质峰强度远远小于样品峰。可以通过物理常数测定或色谱分析两种方法进行样品纯度的检验。只有当两种方法都证明了样品是纯样，才能确认样品纯度足够进行波谱表征。如果纯度不够，需要了解清楚杂质的可能来源，进行分离纯化。另外，还需注意不要给后续样品操作中带入杂质。

(1) 物理常数测定样品纯度。常用的物理常数测定是对固体测定熔点，液体测定沸点和折射率。一般纯样品有固定的熔点和沸点，熔程小于 0.5℃，沸程为 0.5～1℃。但要注意有的固体在加热过程中存在晶形转变、升华或分解等现象，这些现象会影响熔点的测定。另外，混合物也有可能存在固定的熔点和较小的熔程。通过液体样品的沸点确定样品的纯度也存在类似的问题，如共沸物。折射率测定结果是一个数值，可测出五位有效数字，准确度很高。可用于已知折射率样品的对比，对比时要注意测定时的温度和光源。

(2) 色谱法检验样品纯度。常用的检验样品纯度的色谱法有气相色谱法(gas chromatography，GC)、高效液相色谱法(high performance liquid chromatography，HPLC)和薄层色谱法(thin layer chromatography，TLC)。纯物质在 GC 或 HPLC 中应出一个峰，在 TLC 中出一个斑点。进行纯度检验时，应更换两种以上不同的色谱体系，如更换色谱柱、流动相或检测器等，纯样品应仍为一个峰或一个斑点。这样可以防止在某色谱条件下样品组分并没有分开，或某组分对检测器不响应。

最后是样品上机前的制样处理。样品需转变成可以测定的形式，如配成适宜的溶液装入比色皿、核磁管或注射器中，或制成溴化钾盐片等。为使制样和检测顺利进行并保证检测结果理想，需提前掌握样品的理化性质，如熔点、沸点、溶解性、挥发性、极性、酸碱性、稳定性、毒性及保存方法(如冷藏、避光)等，并大致估计样品可能的化合物类别、分子量范围、所含官能团等结构信息。

样品的测定很多是在溶液中完成的，对溶剂的要求有以下几点：①所选溶剂对试样有很好的溶解能力和选择性；②不与被测样品发生化学反应，同时要考虑极性、pH、缔合及氢键等的影响；③测定波段溶剂本身无明显吸收或吸收峰对样品峰无干扰；④无毒或低毒、挥发性小、不易燃等。

(1) 紫外-可见光谱样品的制备。如果有附件，紫外-可见光谱仪就可以测定固体样品，但一般测定都是在稀溶液中进行。溶剂选择好以后，浓度通常要求定性测定时控制吸光度为 0.7～1.2，定量测定时吸光度为 0.2～0.8。有机化合物主要的吸收峰有 $\pi \to \pi^*$ 跃迁产生的 K 带和 $n \to \pi^*$ 跃迁产生的 R 带。一般测定 K 带的溶液浓度为 10^{-5}～10^{-4} mol/L，测定 R 带的溶液浓度在 10^{-2} mol/L 左右。当两者都存在时，可以配制不同浓度的溶液分次观察，或者配制适当浓度的溶液使两者能较好地进行同时观察。配制时，取适量样品溶于所选溶剂中，在容量瓶中配制成稀溶液即可。要求溶液透明，如果有颜色，切勿太深。以溶剂为参比进行测定。测定 185 nm 以上的波段可用石英或熔硅玻璃比色皿，在可见光区测量，采用一般光学玻璃比色皿即可。

(2) 红外光谱样品的制备。如果配有气体池和液体池，红外光谱仪就可以方便地测定气体和液体(包括溶液)样品。液体样品也可以通过液膜法测定，即在两个窗片间滴 1～2 滴样品，使其形成薄膜进行测定。固体样品的制样方法因物而异，有压片法、糊状法、溶液法和薄膜法等，其中用得最多的是压片法。将 1～5 mg 样品与 100～150 mg 纯 KBr 均匀研细，使其粒度小于 2.5 μm，置于红外压片模具中，在红外压片机上压成透明薄片，即可用于测定。样品和 KBr 都应经干燥处理，所有用具应保持干燥、清洁；样品要充分研磨，如果空气湿度较大，压片过程应在红外灯照射下进行。易吸水和易潮解的样品不宜采用压片法；KBr 应在干燥器中保存，并定期检查干燥。

(3) 核磁共振样品的制备。通常采用液体核磁进行化合物结构表征。核磁共振氢谱(^{1}H NMR)比碳谱(^{13}C NMR)灵敏度大得多，故两者需要样品量差距较大。核磁共振氢谱一般需要 3～5 mg 样品；核磁共振碳谱需要十几毫克至上百毫克。样品浓度大可以节约信号采集时间，但并非浓度越大越好，浓度太大或流动性差都会对样品测定产生不良影响。为了避免溶剂质子信号的干扰，一般使用氘代溶剂溶解样品。但溶剂很少能做到 100%氘代，因此会存在少量未被氘代的质子。氢谱中会出现溶剂的残存质子峰，在碳谱中也会出现相应的 ^{13}C 峰，解谱时要注意首先识别排除溶剂峰。样品测定需采用专用的核磁共振样品管,要求内外壁干净,管壁无划痕破损。配制氘代溶剂前,可用普通溶剂做溶解性试验。溶剂确定后,取适量样品放入核磁共振样品管中,用氘代溶剂将其溶解,溶液高度约 4 cm。保证样品溶解完全,没有不溶物和溶胀现象;保证溶液中不含铁磁性、顺磁性物质,以免影响匀场和谱图质量。

(4) 质谱样品的制备。现代质谱仪的进样方式有多种,按大的类型分有直接进样、接口进样和色谱进样,样品的准备需根据仪器类型和配置情况进行。固体样品和沸点较高的液体样品,常用进样杆直接导入;通过接口进样和色谱进样都需要将样品配成稀溶液。质谱的检测灵敏度很高,可达 10^{-12} g,所以样品用量很少,固体样小于 1 mg,液体纯样几微升即可测定。配制样品溶液时,取适量样品溶于所选溶剂中即可。根据需要选择滤膜过滤。必须注意上样的溶剂种类和纯度,同时注意根据测试要求判断样品溶液是否可含水、强酸、强碱、金属离子、表面活性剂、不挥发盐等。

第四节　谱图模拟软件和在线数据库在波谱解析中的应用

波谱分析实验中最关键的步骤是对可视化谱图的解析,通过谱图中峰的数量、频率、强度、形状等信息,对化合物进行定性分析或结构表征。这一过程需要实验者具有扎实的波谱学基础知识,熟悉各种常见官能团和结构碎片的波谱学数据,以及较强的逻辑推理和判断能力。初学者一般很难做到,需要使用已知化合物的标准谱图进行对照确认。对同一分子,其特征峰的相对位置和相对强度的顺序一般情况下是相同的,因此获得测试样品或者其类似物的标准谱图进行参照,对谱图的解析非常有帮助。使用标准谱图作参照时,应注意谱图的表示方式、仪器的性能、测试条件、制样方法、样品的纯化方式等细节内容,尽可能使测试条件与标准谱图上的条件一致。

近年来随着信息技术飞速发展,网络资源不断丰富,获得已知化合物的标准谱图变得非常容易和快捷。特别是商业公司推出的一些基于高斯理论的计算型预测软件,利用这些软件可以快速地对化合物的波谱进行模拟,得到模拟的谱图。虽然这些模拟的谱图与仪器测绘的谱图之间有些差异,但是仍具有很高的参考价值,对谱图的解析非常有帮助。将这些资源引入波谱分析实验课程,可以减少解谱过程对解谱者经验的依赖,降低解谱的难度,提高解谱的效率,有助于提高学生的实验兴趣,培养学生的自学能力和解谱能力。

一、常用的波谱学预测软件介绍

目前应用最为广泛的软件是英国 CambridgeSoft 公司开发的 ChemOffice 系列工具包,其中的 ChemDraw 模块可实现对化合物的 ^{1}H NMR 和 ^{13}C NMR 谱图的模拟。首先,在 ChemDraw 模块中画出化合物的化学结构,并将其选定;然后在 "Structure"下拉菜单栏中选择 "Predict ^{1}H NMR shifts" 按钮或 "Predict ^{13}C NMR shifts" 按钮,即可得到 ^{1}H NMR 或 ^{13}C NMR 的模拟谱图,并且在模拟谱图的下面会给出 H 原子和 C 原子相对于内标四甲基硅烷(TMS)的预测化学位移值的计算过程和修正参数,这些数值对理解和掌握处于不同化学环境下的 H 原子和 C 原子的化学位移非常有帮助。图 1-1 为 ChemDraw 软件模拟的对伞花烃[1-甲基-4-(1-甲基乙基)苯]的 ^{1}H NMR 谱图,图 1-2 为以氘代氯仿为溶剂在 300 MHz 核磁共振仪上测绘的对伞花烃的 ^{1}H NMR 谱图,二者非常接近,这为化合物的谱图解析带来了极大的方便。ChemDraw 模块也可以对化合物的质谱数据进行模拟。选中目标分子的结构式,在"View"工具栏中选择"Show Analysis Window"按钮,即得到目标分子的模拟质谱图。图 1-3 是 ChemDraw 软件模拟的对伞花烃的质谱数据,可以方便地获得化合物的分子式、精确分子质量、分子量、质谱中主要离子峰、各种元素的含量等信息。此外,Chem3D 模块可将化合物的化学结构式转化为立体结构,不同的核之间产生核欧沃豪斯效应(nuclear Overhauser effect,NOE)的必要条件——空间距离小于 5 Å,就变得非常直观,容易被初学者所理解。具有类似模拟光学谱图功能及结构解析功能的软件还有加拿大 ACD 公司(Advanced Chemistry Development,Inc.)出品的 ACD Labs,以及 ChemAxon 公司出品的 Marvin Beans 等。

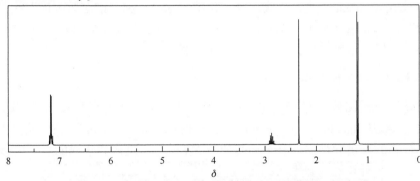

图 1-1 ChemDraw 软件模拟的对伞花烃 ^{1}H NMR 谱图

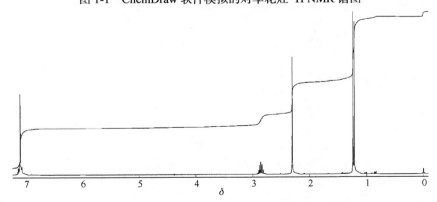

图 1-2 核磁共振仪测绘的对伞花烃 ^{1}H NMR 谱图(CDCl$_3$,300 MHz)

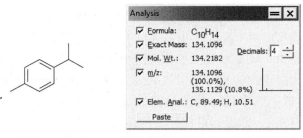

图 1-3　ChemDraw 软件模拟的对伞花烃的质谱数据

二、有机化合物谱图库介绍

随着计算机和网络信息技术的发展，与化合物波谱相关的信息资源呈几何级数增长，因此信息检索能力也成为波谱解析的基本技能之一。目前已有众多数据库提供化合物波谱数据的检索，中国国家科学数字图书馆化学学科信息门户网站提供了 60 多种谱图数据库的链接和简要介绍。登录中国国家科学数字图书馆化学学科信息门户网站(http://chemport.ipe.ac.cn/)，依次点击"化学数据库"和"谱图数据库"按钮，即可登录谱图数据库介绍网页(http://chemport.ipe.ac.cn/ListPageC/L67.shtml)。在此仅介绍几个代表性的常用数据库，以方便读者学习和查阅。

1. 有机化合物谱图数据库

有机化合物谱图数据库(SDBS)隶属于日本国立先进工业科学技术研究院(AIST)，网站地址：http://sdbs.db.aist.go.jp/sdbs/cgi-bin/direct_frame_top.cgi。该网站免费提供大量有机化合物的波谱学数据。登录界面如图 1-4 所示。进入登录界面后，可以选择工

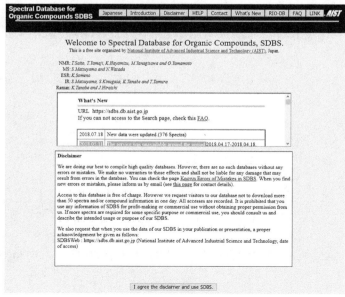

图 1-4　SDBS 数据库登录界面

作语言，目前支持日语和英语两种工作语言。在英语工作模式下，点击 "I agree the disclaimer and use SDBS" 按钮，即可进入检索界面，如图 1-5 所示。可以通过化合物的名称、分子式、分子量、CAS 登记号、SDBS 号等多种方式进行检索，获得已知化合物的红外光谱、紫外光谱、拉曼光谱、核磁共振谱、质谱等数据，还可以通过输入光谱数据查询相应化合物。截至 2015 年，SDBS 数据库收录的各种谱图数据如下：FTIR，54100；Raman，3500；^{1}H NMR，15900；^{13}C NMR，14200；MS，25000；ESR，2000。

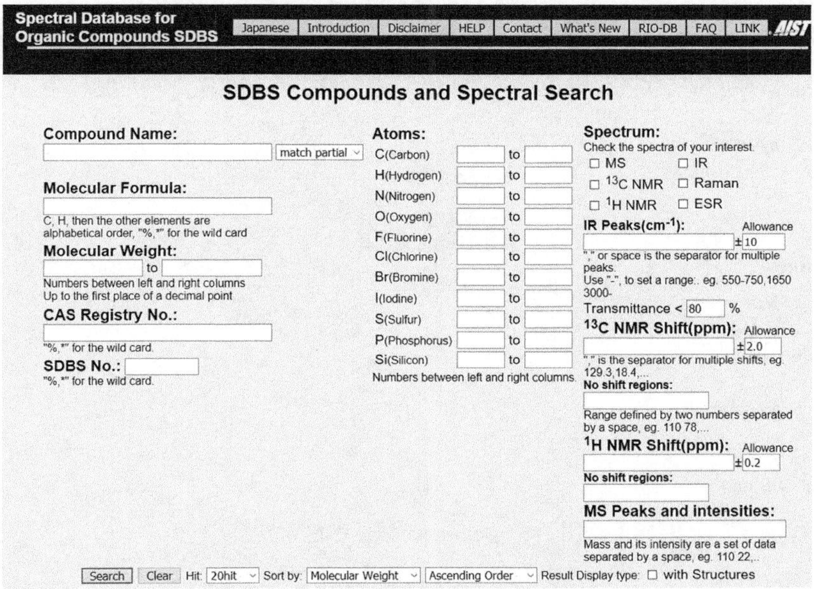

图 1-5　SDBS 数据库检索界面

2. SciFinder Scholar 数据库

SciFinder Scholar(https://scifinder.cas.org)是美国化学会(American Chemical Society，ACS)旗下的化学文摘服务社 (Chemical Abstracts Service，CAS)出版的《化学文摘》(Chemical Abstract，CA)的在线版数据库。该数据库整合了 Medline 医学数据库、欧洲和美国等近 50 家专利机构的全文专利资料，以及 CA 从 1907 年至今的所有期刊文献和专利摘要，是最大、最全面的化学和科学信息数据库，可查询每日更新的 CA 数据。该数据库工作语言为英语，需要购买版权并获得授权的注册账户后才能使用。输入合法的注册账号和密码，登录后的界面如图 1-6 所示。该数据库提供多种检索方式，其中分子的化学结构式检索是最大的亮点之一。允许使用者通过编辑所要检索的目标化合物的化学结构式进行结构检索，也可以把编辑的化合物的化学结构式设置为"产物""反应物""反应添加物"等在反应中的不同角色，对涉及目标分子的化学反应进行检索。当检索到目标分子后，点击并进入条目，即可获得该化合物的物理性质、模拟波谱数据、仪器测绘的波谱数据等信息。若在 "EXPERIMENTAL SPECTRA"

按钮(图 1-7)条目内没有找到相应的波谱数据图，数据库会给出包含目标分子波谱数据的原始文献，可通过二次文献检索，获取目标分子的波谱数据图。

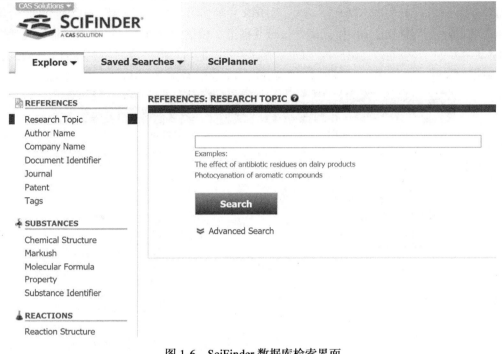

图 1-6　SciFinder 数据库检索界面

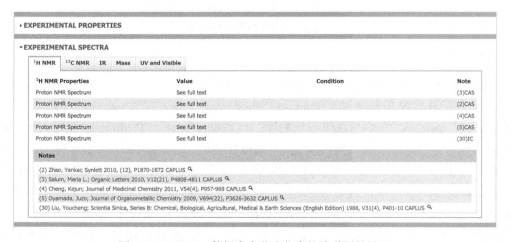

图 1-7　SciFinder 数据库中获取化合物波谱图的界面

3. 其他谱图数据库

谱图数据库的检索方式和检索界面一般都较为类似，对它们的使用方式不再逐一介绍。下面列出一些有影响力的谱图数据库的网站链接与简要介绍，以方便读者检索。

(1) NIST 化学数据库(http://webbook.nist.gov/chemistry)。美国国家标准与技术研究院(NIST)的标准参考数据库中的化学部分，对化学、化工工作者来说是非常实用的一个数据库。它收录了 5000 多种有机化合物和无机化合物的热化学性质、5000 多种化合物的红外光谱、10000 多种化合物的质谱、14000 多种化合物的离子能谱等数据，可通过化合物的名称、分子式、CAS 登记号、分子量、电离能等方式查找化合物的相关数据。

(2) 中国科学院上海有机化学研究所化学专业数据库(http://202.127.145.134 /scdb/default.htm)。该网站免费注册，可获得分子的红外光谱、核磁共振谱、质谱等谱图，以及结构、物化性质、毒性、生物活性、相关反应等数据。

(3) Sigma-Aldrich 公司的产品数据库(https://www.sigmaaldrich.com/china-mainland.html)。该化学试剂公司对其售卖的商品提供波谱学表征数据，如红外光谱、质谱、拉曼光谱等。按照公司网站提供的检索方式(如化合物的名称、货号、CAS 登记号、结构式等)，查找到相关产品，进入相应条目，即可获取其相应的光谱数据图。使用该网站可以非常简便快捷地获取常见化合物的波谱图，但数据不全。

(4) 有机化合物数据库(Organic Compounds Database, Virginia Tech, http://www.colby.edu/chemistry/cmp/cmp.html)。该数据库收录了 2483 种化合物表征数据，包括物理性质、红外光谱、紫外光谱、核磁共振谱、质谱等信息。

(5) 萨特勒(Sadtler)光谱数据库(http://www.jetting.com.cn/Bio-Rad/Sadtler/SadtlerDB_Index.html)。萨特勒光谱数据库是世界优秀的谱图数据库之一，包括 259000 张红外谱图、3800 张近红外谱图、4465 张拉曼谱图、560000 张核磁共振谱图、200000 张质谱谱图、30271 张紫外-可见光谱图，其中又以红外谱图数据库最为全面。北京微量化学研究所分析中心推出了萨特勒红外光谱数据库联网检索服务，网址：http://www.microchem.org.cn/hwjs.htm。该分析中心拥有的萨特勒红外光谱数据图共计 20 多万张，其中凝聚相纯化合物标准红外光谱图 8 万多张，气相纯化合物标准红外光谱图 9350 张，并可以进行全光谱检索、峰表检索、化合物名称、分子量、分子式、CAS 登记号、熔点、沸点等物性检索。

三、全文期刊数据库

目前，各类科技期刊都要求作者对论文中所使用的非商业购得的已知化合物进行必要的表征，首次报道的新化合物要进行全面的表征，这些数据会作为论文的支持数据(supporting information 或 supplementary information)通过独立的网址链接公开，并可免费下载。因此，全文期刊数据库其实是获得化合物表征谱图最重要、最全面的资源。利用此类数据的最大弊端是没有直接的谱图检索工具，要先通过文献搜索引擎(如 SciFinder、Web of Science 等)查找到涉及目标化合物的原始文献，然后通过全文下载网址链接下载原文和附带的支持数据，获取目标化合物的表征谱图。相较于专业的谱图数据库，利用此类数据库进行谱图检索较为烦琐。下面列出了一些代表性的全文期刊数据库的网站链接和简要介绍，以方便读者检索。

1. 中文期刊数据库

(1) 中国知网(http://www.cnki.net)。中国知网学术期刊库是目前国内内容较为丰富的中文期刊全文数据库，收录中文学术期刊 8720 余种，含北大核心期刊 1960 余种，网络首发期刊 2100 余种，最早回溯至 1915 年，共计 5700 余万篇全文文献。产品分为十大专辑：基础科学、工程科技Ⅰ、工程科技Ⅱ、农业科技、医药卫生科技、哲学与人文科学、社会科学Ⅰ、社会科学Ⅱ、信息科技、经济与管理科学。推出网络数据库、专辑光盘数据库和专题数据库等服务，中心网站及数据库交换服务中心每日更新。

(2) 万方数据知识服务平台(http://www.wanfangdata.com.cn/)。万方数据知识服务平台整合数亿条全球优质知识资源，集成期刊、学位、会议、科技报告、专利、标准、科技成果、法规、地方志、视频等十余种知识资源类型。与波谱分析实验课程相关的主要是期刊论文和学位论文两大类。期刊论文包括 8000 余种国内期刊，涵盖自然科学、工程技术、医药卫生、农业科学、哲学政法、社会科学、科教文艺等多个学科。学位论文收录始于 1980 年，主要包括 600 多万篇中文学位论文，年增 30 余万篇。

2. 外文期刊数据库

(1) ACS(美国化学会)数据库(http://pubs.acs.org/)。美国化学会成立于 1876 年，其出版物涵盖化学及相关科学领域，已成为世界上最大的专业科技学会之一。其中，以《美国化学会志》(*Journal of the American Chemical Society*，JACS)为代表的 ACS 期刊被 ISI(Institute for Scientific Information，科学信息研究所)的 Journal Citation Reports(JCR)评为"化学领域中被引用次数最多的化学期刊"。

(2) 英国皇家化学学会(Royal Society of Chemistry，RSC)数据库(http://pubs.rsc.org/)。英国皇家化学学会是国际主要的化学专业学会之一，也是欧洲最大的化学团体，同时也是化学化工信息的出版商。该学会成立于 1841 年，是一家非营利组织，将所有盈余都投入慈善活动中，如化学国际交流、主办化学期刊、会议、科学研究、教育及向公众传播化学科学知识等。该数据库对自 1841 年起的期刊数据都已电子化，查阅非常方便：期刊现刊部分链接(2008～2021)http://pubs.rsc.org/en/journals?key=title&value= current；期刊过刊部分链接(1841～2007)http://pubs.rsc.org/en/journals?key=title& value=archive。

(3) Wiley Online Library 数据库(http://onlinelibrary.wiley.com/)。John Wiley & Sons Inc.是有近 200 年历史的国际知名专业出版机构，在化学、生命科学、医学及工程技术等领域学术文献的出版方面颇具权威性。目前，Wiley Online Library 平台上共有 1500 多种电子期刊，包括化学、物理学、工程学、农学、兽医学、食品科学、医学、护理学、生命科学、心理学、社会科学、人类学等多个学科。该出版社的期刊是相关学科的核心资料，其中被 SCI 收录的核心期刊超过 1200 种。

(4) Springer Link 数据库。Springer 于 1842 年在德国柏林创立，是全球第一大 STM(科学、技术和医学)图书出版商和第二大 STM 期刊出版商，每年出版 8400 多种科技图书和 2200 多种领先的科技期刊。Springer Link 平台整合了 Springer 的出版资源，收录文献超过 800 万篇，包括图书、期刊、参考工具书、实验指南和数据库。其中，收录电子图书超过 16 万种，最早可回溯至 19 世纪 40 年代。平台每年新增超过 8400 种图书及 3300 份实验指南，且每月新增超过 12000 篇期刊论文。

(5) Elsevier Science(ScienceDirect) 数据库 (http://www.sciencedirect.com/)。荷兰 Elsevier 公司是全球著名的学术期刊出版商，每年出版 2000 多种同行评审的学术期刊，其中大部分被 SCI、SSCI、EI 收录。自 1997 年开始，该公司推出名为 ScienceDirect 的电子期刊计划，将该公司的全部印刷版期刊转换为电子版，内容每日更新，并通过网络提供服务(ScienceDirect 全文数据库)。该数据库涉及众多学科：计算机科学、工程技术、能源科学、环境科学、材料科学、数学、物理学、化学、天文学、医学、生命科学、经济管理、社会科学等。

第二章 紫外光谱法

实验一 共轭结构化合物发色团的鉴别

一、实验内容与要求

(1) 测绘月桂烯、醋酸维生素 A、苯亚甲基丙酮、肉桂酸甲酯的紫外光谱。
(2) 学习通过测定含共轭结构化合物的紫外光谱鉴别化合物中的发色团。
(3) 掌握利用紫外光谱确定共轭烯烃类化合物、酮类化合物分子骨架的方法。
(4) 熟悉有机化合物的紫外光谱与其结构之间的密切相关性。

二、基本原理

紫外-可见光谱是由分子的外层价电子吸收辐射能量后发生跃迁而产生的，也称为电子光谱。由于电子能级发生跃迁的同时伴随若干振动和转动能级的跃迁，分子的电子光谱实际上是由电子-振动-转动能级跃迁吸收组成的带状光谱。不同物质分子的内部结构不同，分子各能级之间的间隔也不同，这就决定了它们对不同波长光的选择性吸收。可以通过吸收波长、吸收强度及吸收曲线的形状研究物质的内部结构，对目标分子进行定性或定量分析。

有机化合物的紫外光谱特性与发色团的结构及其在分子中的相对位置密切相关。共轭烯烃类化合物，其 $\pi \to \pi^*$ 跃迁产生的 K 带通常出现在 210~250 nm。如果分子中存在多个共轭双键，吸收波长随双键数目的增加而逐步红移。其最大吸收波长也可利用经验公式推算，有时将计算结果与实验结果相比较，可确定待测物质的结构。α, β-不饱和羰基化合物具有双键与羰基共轭的结构，可以观察到 $\pi \to \pi^*$ 跃迁产生的 K 带和 $n \to \pi^*$ 跃迁产生的 R 带，后者的吸收波长一般大于 300 nm。芳香化合物由于存在六角对称的苯环结构，其紫外光谱在 254 nm 左右出现弱吸收的 B 带。B 带的精细结构与取代基结构有关。此外，苯环在 185 nm 和 200 nm 左右分别出现 E_1 带和 E_2 带。当苯环上的取代基不同时，其 B 带和 E 带的吸收峰也随之变化，故可以由此鉴定其取代的情况。

本实验通过测定具有两个双键共轭结构的月桂烯、多个双键共轭结构的醋酸维生素 A 与 α, β-不饱和酮类和酯类化合物的紫外光谱，熟悉具有代表性的发色团的吸收波长和吸收强度。通过上述代表性化合物的例子，学习如何利用紫外光谱数据鉴别化合物中的发色团类型。

三、仪器和试剂

(1) 仪器：紫外-可见光谱仪，石英比色皿，万分之一分析天平，容量瓶(25 mL、50 mL、100 mL 各 1 个)，移液管(1 mL、2 mL、5 mL、10 mL 各 1 支)，滴管。

(2) 试剂：月桂烯(A.R.)，醋酸维生素 A(A.R.)，苯亚甲基丙酮(4-苯基-3-丁烯-2-酮)(A.R.)，肉桂酸甲酯(A.R.)，乙醇(A.R.)，异丙醇(A.R.)。

四、实验步骤

1. 测试样品的制备

(1) 采用逐级稀释方法，分别配制浓度为 $1×10^{-5}$～$5×10^{-5}$ mol/L 的月桂烯的乙醇溶液和醋酸维生素 A 的异丙醇溶液。

(2) 采用逐级稀释方法，分别配制浓度为 $1×10^{-3}$～$5×10^{-3}$ mol/L 的苯亚甲基丙酮的乙醇溶液和 $1×10^{-5}$～$5×10^{-5}$ mol/L 的肉桂酸甲酯的乙醇溶液。

2. 紫外光谱的测绘

用 1 cm 石英比色皿，以相应的空白溶液作参比，分别测绘月桂烯、醋酸维生素 A、苯亚甲基丙酮和肉桂酸甲酯溶液的紫外光谱。

五、数据处理

(1) 根据测绘的月桂烯和醋酸维生素 A 的紫外光谱，计算它们的最大吸收波长和摩尔吸光系数，并判断它们的电子跃迁类型。

(2) 对比苯亚甲基丙酮和肉桂酸甲酯在低浓度和高浓度条件下测绘的紫外光谱的差异，并判断它们相应吸收带所对应的电子跃迁类型。

(3) 计算苯亚甲基丙酮和肉桂酸甲酯 R 带的最大吸收波长，并给予合理的解释。

六、思考题

(1) 根据理论教材中的经验公式，分别计算月桂烯和醋酸维生素 A 的最大吸收波长，并与测量值进行比较。

(2) 为什么要配制两种不同浓度的苯亚甲基丙酮和肉桂酸甲酯溶液进行测绘？如何判断所配制溶液的浓度是否合适？

(3) 若在正己烷中测绘月桂烯和醋酸维生素 A 的紫外光谱图，其最大吸收波长会有什么变化？为什么？

(4) 若在正己烷中测绘苯亚甲基丙酮和肉桂酸甲酯的紫外光谱图，它们的 K 带和 R 带所对应的最大吸收波长会有什么变化？并给予合理的解释。

实验二　取代基对芳烃紫外光谱吸收带的影响

一、实验内容与要求

(1) 了解取代基对化合物紫外光谱的影响。

(2) 掌握取代基的诱导效应和共轭效应对紫外光谱吸收波长的影响规律。

(3) 学习利用紫外光谱的变化规律鉴别化合物的结构。

二、基本原理

芳香化合物紫外光谱的特点是由组成闭环共轭体系三个双键结构单元的 $\pi \rightarrow \pi^*$ 跃迁及由 $\pi \rightarrow \pi^*$ 跃迁与苯环振动重叠而产生的三个吸收带，即 E_1 带、E_2 带和 B 带。例如，苯在 185 nm 和 200 nm 附近分别出现强吸收的 E_1 带和 E_2 带；在 254 nm 附近出现弱吸收的 B 带。当苯环上含有取代基时，取代基的共轭效应、超共轭效应、诱导效应及空间效应对苯环的吸收带产生影响。含有取代基时，苯环的吸收带一般发生红移，强度增加，精细结构减弱或完全消失。取代基影响的强弱取决于其结构、性质及取代的位置。

当苯环与生色团直接相连时，由于共轭效应的影响，苯环的吸收带将发生较大的红移，并且吸收强度也会显著增强。当苯环上连有助色团时，由于 p-π 超共轭效应的影响，苯环的吸收带也将发生红移。同时，助色团上的孤对电子发生 $n \rightarrow \pi^*$ 跃迁，产生微弱吸收的 R 带，吸收波长一般大于 300 nm。此外，当取代基的位置不同时，对苯环吸收强度的影响也不相同，故可以由此鉴定取代基的位置。

本实验通过测定苯、甲苯、三氟甲基苯、苯乙烯、肉桂醛、对甲基硝基苯、邻甲基硝基苯、苯酚和苯胺的紫外光谱，熟悉取代基对苯环吸收波长和吸收强度的影响，掌握如何利用紫外光谱数据鉴别芳环上的取代基。

三、仪器和试剂

(1) 仪器：紫外-可见光谱仪，石英比色皿，万分之一分析天平，容量瓶(25 mL、50 mL、100 mL 各 1 个)，移液管(1 mL、2 mL、5 mL、10 mL 各 1 支)，滴管。

(2) 试剂：苯(A.R.)，甲苯(A.R.)，三氟甲基苯(A.R.)，苯乙烯(A.R.)，肉桂醛(A.R.)，对甲基硝基苯(A.R.)，邻甲基硝基苯(A.R.)，苯酚(A.R.)，苯胺(A.R.)，乙醇(A.R.)，0.2 mol/L HCl 的乙醇溶液(A.R.)，0.2 mol/L NaOH 的乙醇溶液(A.R.)。

四、实验步骤

1. 测试样品的制备

(1) 采用逐级稀释方法，分别配制浓度为 $1 \times 10^{-5} \sim 5 \times 10^{-5}$ mol/L 的苯乙烯、肉桂醛、对甲基硝基苯、邻甲基硝基苯的乙醇溶液。

(2) 采用逐级稀释方法，分别配制浓度为 $1\times10^{-3}\sim5\times10^{-3}$ mol/L 的苯、甲苯、三氟甲基苯、苯酚和苯胺的乙醇溶液。

2. 紫外光谱的绘制

(1) 用 1 cm 石英比色皿，以溶剂乙醇作参比，分别测绘苯、甲苯、三氟甲基苯、苯乙烯、肉桂醛、对甲基硝基苯、邻甲基硝基苯溶液的紫外光谱。

(2) 用 1 cm 石英比色皿，以溶剂乙醇作参比，分别测绘苯酚和苯胺溶液的紫外光谱。

(3) 在苯酚溶液中滴加几滴 0.2 mol/L NaOH 的乙醇溶液，在苯胺溶液中滴加几滴 0.2 mol/L HCl 的乙醇溶液后，再次测绘它们的紫外光谱。

五、数据处理

(1) 分别确定苯、甲苯和三氟甲基苯的 B 带的吸收波长。

(2) 分别确定苯乙烯和肉桂醛的 K 带和 B 带的吸收波长。比较它们最大吸收波长的大小，并给予合理的解释。

(3) 分别确定对甲基硝基苯和邻甲基硝基苯的 K 带和 B 带的吸收波长。比较它们最大吸收波长的大小，并给予合理的解释。

(4) 比较苯酚与其钠盐、苯胺与其盐酸盐的最大吸收波长和吸收强度的变化，并给予合理的解释。

六、思考题

(1) 比较苯、甲苯和三氟甲基苯三者 B 带的吸收波长，并给予合理的解释。能否看到它们相应的 E 带吸收？

(2) 能否看到肉桂醛的 R 带吸收？若采用极性不同的溶剂进行测定，其 K 带和 R 带的吸收波长会有怎样的变化？

(3) 间甲基硝基苯的紫外光谱的吸收波长和吸收强度更接近对甲基硝基苯还是邻甲基硝基苯？

(4) 比较酚类和胺类与其相应盐类的紫外光谱的变化，能否利用紫外光谱对它们进行快速鉴定？

实验三　β-二酮化合物互变异构现象的研究

一、实验内容与要求

(1) 掌握如何利用紫外光谱研究 β-二酮化合物的互变异构现象。

(2) 学习如何利用紫外光谱测定 β-二酮化合物互变异构体的相对含量。

二、基本原理

β-二酮是一类重要的有机化合物，其一般存在酮式和烯醇式两种互变异构体，并处于动态平衡，其中烯醇式通过分子内氢键形成六元环，结构比较稳定。例如，乙酰丙酮存在如图 2-1 所示的酮式和烯醇式的动态平衡。

(i)　　　　　　　　　　　(ii)

图 2-1　乙酰丙酮的互变异构

该平衡受自身结构、温度、溶剂等因素的影响。一般来说，在极性溶剂中不利于分子内氢键的形成，因此互变异构平衡中酮式结构(i)占有优势；而在非极性溶剂中有利于分子内氢键的形成，平衡体系中烯醇式结构(ii)占有优势。酮式和烯醇式的结构不同，前者为简单的二羰基化合物，后者为 α, β-不饱和羰基化合物，因此它们的光谱性质也存在明显的差异。β-二酮化合物的酮式-烯醇式之间的这种动态互变赋予了它们独特的光谱学性质。

例如，乙酰丙酮的酮式结构中只有孤立的羰基，紫外光谱 $\pi \rightarrow \pi^*$ 跃迁的吸收带在 150 nm 附近，$n \rightarrow \pi^*$ 跃迁的吸收带在 280 nm 附近，但是吸收强度很弱；而烯醇式结构中，由于双键和羰基形成了共轭体系，其 $\pi \rightarrow \pi^*$ 跃迁的吸收带红移至 240 nm 附近，同时吸收强度也增大。可以利用该吸收带对烯醇式结构的含量进行测定。若浓度为 c_0 的乙酰丙酮溶液在 240 nm 附近吸光度为 A，烯醇式的相对浓度 $c = A/\varepsilon$（ε 为烯醇式的摩尔吸光系数）；相对含量为：$W = c/c_0 = A/\varepsilon c_0$。又如，1,3-二苯基-1,3-二酮的酮式紫外吸收带为苯基和羰基组成的共轭体系 K 带，在 240 nm 附近，而烯醇式对应的生色团为苯环、羰基、双键组成的共轭体系 K 带，后者的吸收波长较长，且吸收强度增大。可以利用两个 K 带对它们的相对含量进行分析。

本实验通过测定乙酰丙酮、乙酰乙酸乙酯、1,3-二苯基-1,3-二酮的紫外光谱，了解 β-二酮化合物的互变异构现象，以及不同溶剂对互变异构现象的影响，并掌握如何利用紫外光谱数据计算 β-二酮化合物互变异构体的相对含量。

三、仪器和试剂

(1) 仪器：紫外-可见光谱仪，石英比色皿，万分之一分析天平，容量瓶(25 mL、50 mL、100 mL 各 1 个)，移液管(1 mL、2 mL、5 mL、10 mL 各 1 支)，滴管。

(2) 试剂：乙酰丙酮(A.R.)，乙酰乙酸乙酯(A.R.)，1,3-二苯基-1,3-二酮(A.R.)，正己烷(A.R.)，乙醇(A.R.)，乙醚(A.R.)。

四、实验步骤

1. 测试样品的制备

采用逐级稀释方法，分别配制浓度为 $1 \times 10^{-5} \sim 5 \times 10^{-5}$ mol/L 的乙酰丙酮、乙酰乙酸乙酯与 1,3-二苯基-1,3-二酮的正己烷、乙醚和乙醇溶液。

2. 紫外光谱的绘制

用 1 cm 石英比色皿，以相应的溶剂作参比，分别测定乙酰丙酮、乙酰乙酸乙酯与 1,3-二苯基-1,3-二酮在三种溶剂中的紫外光谱，确定它们的最大吸收波长和吸光度。

五、数据处理

(1) 分别比较乙酰丙酮、乙酰乙酸乙酯和 1,3-二苯基-1,3-二酮在三种溶剂中的吸光度和最大吸收波长的变化，并给予合理的解释。

(2) 根据理论教材中计算 α, β-不饱和酮的最大吸收波长的经验公式，分别计算乙酰丙酮与 1,3-二苯基-1,3-二酮所对应的烯醇式结构的最大吸收波长，并与测量值进行比较。

(3) 乙酰乙酸乙酯的烯醇式结构的摩尔吸光系数为 18000，试求乙酰乙酸乙酯在三种不同溶剂中烯醇式所占的比例。

六、思考题

(1) 如何测得 β-二酮化合物相应的烯醇式结构的摩尔吸光系数？

(2) 试设计实验，以确定上述实验所配制的乙酰丙酮的乙醚溶液中，乙酰丙酮烯醇式的比例。

实验四　共轭体系中共轭效应的变化对紫外光谱的影响

一、实验内容与要求

(1) 了解共轭体系中共轭效应对紫外光谱的最大吸收波长的影响。

(2) 了解共轭体系中取代基的空间位阻效应对紫外光谱最大吸收波长的影响。

(3) 学习如何利用紫外光谱的最大吸收波长判别含双键共轭体系的几何构型。

二、基本原理

有机化合物分子中，在紫外-可见区内能产生吸收的典型生色团有烯键、羰基、羧基、酯基、酰胺、硝基、偶氮基、芳基等，这些生色团共同的特点是都含有 π 电子。其中，含有孤立 π 电子的生色团，如烯烃、炔烃等，其最大吸收波长较短，一般落在近紫外区之外。由 π 电子体系组成的 π-π 共轭系统，如 α, β-不饱和酮，共轭效应使得共轭体系内的 π 电子离域化，电子云密度平均化，键长也平均化，双键略有伸长，单键略有缩短。其 π→π* 跃迁产生的 K 带，吸收波长较长，吸收强度较大，一般落在近紫外区(200～400 nm)。因此，共轭体系是紫外-可见光谱法最重要的分析对象之一。

良好共轭效应的形成要求共轭体系具有共面性，因此化合物分子中细微的结构变化也能引起共轭效应的显著改变，其对应的紫外-可见光谱的最大吸收波长也随之改变。若在共轭体系的特定位置引入取代基，由于取代基的空间位阻效应改变了共轭系统的共面性，其 π→π* 跃迁的最大吸收波长也将显著改变。例如，邻甲基苯乙酮(图 2-2)，由于彼此处于邻位的甲基与羰基之间的位阻效应降低了羰基和苯环的共面性，其最大吸收波长比对甲基苯乙酮发生显著的蓝移。可以利用其紫外-可见光谱的最大吸收波长判别甲基取代基的相对位置。

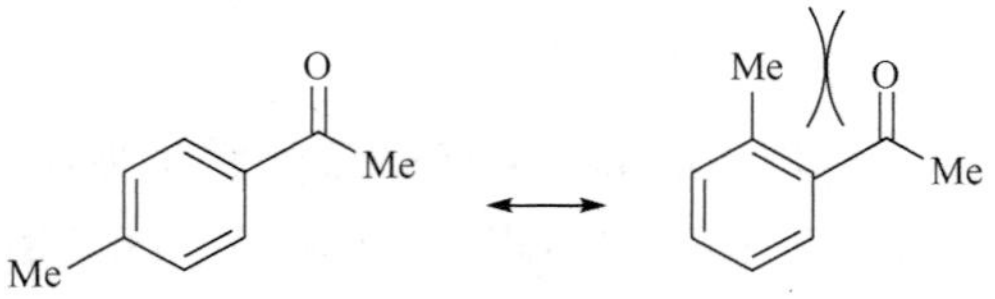

图 2-2　取代基位置对苯乙酮共轭效应的影响

此外，利用紫外-可见光谱的最大吸收波长也可以实现对双键几何构型的判断。在含有双键化合物的几何异构体中，顺式异构体的紫外吸收波长一般都比反式的小，摩尔吸光系数也较小。例如，反式肉桂酸(图 2-3)分子为平面型，双键与苯环和羰基之间形成良好的共轭效应，最大吸收波长为 273 nm，摩尔吸光系数为 20000；顺式肉桂酸由于苯环与羰基之间的空间位阻效应，苯环、双键和羰基三者共面性降低，共轭体系的共轭效果较差，因此其最大吸收波长蓝移至 264 nm，摩尔吸光系数也降为 9500。

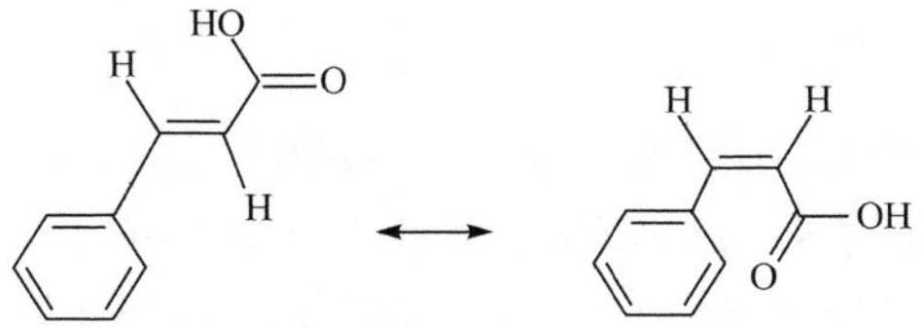

图 2-3　顺反异构对肉桂酸共轭效应的影响

在合成产物或天然产物的分离过程中，常常会得到各种结构的异构体。由于异构体之间具有相同的官能团和类似的骨架，它们的物理化学性质非常接近，运用常规的分析方法(如核磁共振谱、色谱、质谱等)难以判断，而紫外-可见光谱为此类问题的解决提供了一条简捷而可靠的途径。

本实验通过测定联苯、2-甲基联苯、2,6-二甲基联苯、2,2′,6,6′-四甲基联苯、顺式-1,2-二苯乙烯、反式-1,2-二苯乙烯的紫外光谱，熟悉共轭体系中取代基的变化对紫外光谱吸收波长和吸收强度的影响。

三、仪器和试剂

(1) 仪器：紫外-可见光谱仪，石英比色皿，万分之一分析天平，容量瓶(25 mL、50 mL、100 mL 各 1 个)，移液管(1 mL、2 mL、5 mL、10 mL 各 1 支)，滴管。

(2) 试剂：联苯(A.R.)，2-甲基联苯(A.R.)，2,6-二甲基联苯(A.R.)，2,2′,6,6′-四甲基联苯(A.R.)，顺式-1,2-二苯乙烯(A.R.)，反式-1,2-二苯乙烯(A.R.)，乙醇(A.R.)。

四、实验步骤

1. 测试样品的制备

采用逐级稀释方法，分别配制浓度为 $1 \times 10^{-5} \sim 5 \times 10^{-5}$ mol/L 的联苯、2-甲基联苯、2,6-二甲基联苯、2,2′,6,6′-四甲基联苯、顺式-1,2-二苯乙烯和反式-1,2-二苯乙烯的乙醇溶液。

2. 紫外光谱的绘制

用 1 cm 石英比色皿，以乙醇溶液作参比，分别测绘联苯、2-甲基联苯、2,6-二甲基联苯、2,2′,6,6′-四甲基联苯、反式-1,2-二苯乙烯和顺式-1,2-二苯乙烯溶液的紫外光谱。

五、数据处理

(1) 分别比较联苯、2-甲基联苯、2,6-二甲基联苯、2,2′,6,6′-四甲基联苯溶液的吸光度和最大吸收波长的变化，并给予合理的解释。

(2) 分别比较反式-1,2-二苯乙烯和顺式-1,2-二苯乙烯溶液的吸光度和最大吸收波长的变化，并给予合理的解释。

六、思考题

(1) 能否利用紫外光谱区分硝基苯和 2-甲基硝基苯？并给予合理的解释。

(2) 能否利用紫外光谱区分 3-戊烯-2-酮和 3-己烯-2-酮？并给予合理的解释。

(3) 能否利用紫外-可见光谱测定 1,2-二苯乙烯混合物中顺反异构体的相对含量？如果可以，试设计实验方案。

实验五　溶剂极性对紫外光谱最大吸收波长的影响

一、实验内容与要求

(1) 了解在不同溶剂中，同一生色团的紫外光谱性质将发生的变化。
(2) 掌握溶剂极性对 R 带吸收波长的影响规律。
(3) 掌握溶剂极性对 K 带吸收波长的影响规律。

二、基本原理

R 带为 n→π* 跃迁引起的吸收带，产生该吸收带的化合物含有 p-π 共轭体系，如醛、酮等。在极性溶剂中，氧原子上的孤对电子与极性溶剂形成分子间氢键，其氢键作用强度是极性较强的基态大于极性较弱的激发态。在极性溶剂分子作用下，激发态能量降低的程度小于基态。因此，电子从基态跃迁至激发态时，需要更多的能量，吸收带发生蓝移(图 2-4)。

K 带为 π→π* 跃迁引起的吸收带，产生该吸收带的化合物含有双键或杂双键的结构，如烯烃、醛、酮等。在 π→π* 跃迁中，分子激发态的极性大于基态。在极性溶剂分子作用下，激发态能量降低的程度大于基态。因此，电子从基态跃迁至激发态时，需要的能量降低，吸收带发生红移(图 2-5)。

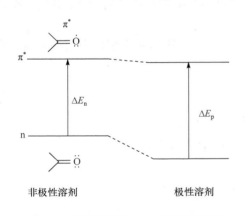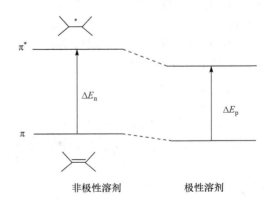

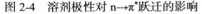

图 2-4　溶剂极性对 n→π* 跃迁的影响　　　图 2-5　溶剂极性对 π→π* 跃迁的影响

此外，溶剂的极性还会影响谱带的精细结构。在极性溶剂(如水和醇)中，吸收谱带的精细结构减弱甚至消失，出现一个趋于平滑的宽峰。例如，苯酚的精细结构在非极性溶剂庚烷中清晰可见，而在极性溶剂乙醇中则完全消失呈现一个较宽峰。因此，如果想获得具有精细结构的吸收谱带，应在溶解度允许的范围内选择极性尽可能小的溶剂。

本实验通过测定丙酮和 4-甲基-3-戊烯-2-酮在不同溶剂中的紫外光谱，了解溶剂对紫外光谱的影响，掌握 n→π*、π→π* 及 n→σ* 跃迁在不同溶剂中的变化规律。

三、仪器和试剂

(1) 仪器：紫外-可见光谱仪，石英比色皿，万分之一分析天平，容量瓶(25 mL、50 mL、100 mL 各 1 个)，移液管(1 mL、2 mL、5 mL、10 mL 各 1 支)，滴管。

(2) 试剂：丙酮(A.R.)，4-甲基-3-戊烯-2-酮(A.R.)，正己烷(A.R.)，氯仿(A.R.)，甲醇(A.R.)，去离子水。

四、实验步骤

1. 测试样品的制备

采用逐级稀释方法，分别配制浓度为 $1×10^{-5}$～$5×10^{-5}$ mol/L 的丙酮与 4-甲基-3-戊烯-2-酮的正己烷、氯仿、甲醇和水溶液。

2. 紫外光谱的绘制

用 1 cm 石英比色皿，以相应的溶剂作参比，分别测绘丙酮与 4-甲基-3-戊烯-2-酮在不同溶剂中的紫外光谱。

五、数据处理

(1) 分别比较丙酮在正己烷、氯仿、甲醇和水溶液中紫外光谱的变化，并给予合理的解释。

(2) 分别比较 4-甲基-3-戊烯-2-酮在正己烷、氯仿、甲醇和水溶液中紫外光谱的变化，并给予合理的解释。

六、思考题

(1) 为什么测量有机化合物的紫外光谱需要注明所用溶剂？

(2) 如何区分紫外-可见光谱中 n→π* 和 π→π* 两种不同跃迁类型？

实验六　利用紫外光谱测定氢键的强度

一、实验内容与要求

(1) 巩固极性溶剂对 R 带最大吸收波长的影响规律。

(2) 了解如何利用紫外-可见光谱数据探知分子所处的微环境。

(3) 学习羰基与极性溶剂分子之间所成氢键强度的计算方法。

二、基本原理

当氢原子与电负性较强的原子 A(如 O、N、F 等)以共价键结合时,由于极化效应的影响,其键间的电荷分布不均,向远离氢原子的方向转移。此时,若氢原子再与另一个电负性较强的原子 B(也可以是 A)空间上接近,即发生静电吸引作用。这种以氢原子为媒介,在 A 与 B 之间生成一种 A—H…B 形式的特殊相互作用(分子间或分子内均可)称为氢键。氢键在化学、生物学、生物物理学等众多领域发挥着关键作用。

氢键的形成显著地改变了分子的电子结构,其波谱学性质也随之发生相应的改变,因此可以借助波谱分析方法对氢键进行分析。例如,可借助紫外光谱中 R 带吸收波长的变化或红外光谱中伸缩振动吸收波长的变化计算羰基化合物所形成氢键的强度。羰基化合物的 R 带为 n→π* 跃迁引起的吸收带。在极性溶剂中,氧原子上的孤对电子与极性溶剂分子之间形成分子间氢键,其作用强度是极性较强的基态大于极性较弱的激发态。在极性溶剂作用下,激发态能量降低的程度小于基态,即 $\Delta E_p > \Delta E_n$。因此,酮类化合物在强极性溶剂中,n 电子从基态跃迁至激发态需要更多的能量,吸收带发生蓝移。蓝移程度随溶剂极性的增大而增强(图 2-6)。

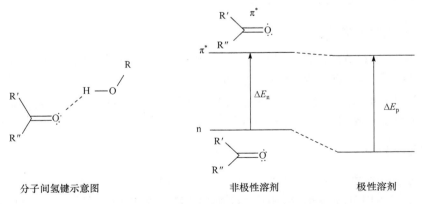

图 2-6　分子间氢键及溶剂极性对 n→π* 跃迁的影响

羰基化合物的 K 带为 π→π* 跃迁引起的吸收带。激发态的极性强于基态的极性,

激发态 π^* 轨道与极性溶剂的作用大于基态，其能量降低的程度大于基态。因此，在极性溶剂中，电子从基态跃迁至激发态需要能量降低，吸收带发生红移。红移的程度随溶剂极性的增大而增大。

E_p 与 E_n 二者差值的大小与酮和极性溶剂形成氢键强度有关。若假设这种能量的差别完全是由酮与极性溶剂形成的氢键所导致，则氢键强度的量度(E_H)：

$$E_H = E_p - E_n = N_A hc(1/\lambda_p - 1/\lambda_n) \tag{2-1}$$

式中：N_A 为阿伏伽德罗常量；h 为普朗克常量；c 为光速；λ_p 为酮在极性溶剂中的吸收波长；λ_n 为酮在非极性溶剂中的吸收波长。

本实验通过测定丙酮和 4-甲基-3-戊烯-2-酮在不同溶剂中的紫外光谱，了解测试介质对紫外光谱的影响，巩固溶剂极性对 R 带最大吸收波长的影响规律，并掌握如何利用紫外光谱数据计算羰基与极性溶剂分子之间所形成氢键的强度。

三、仪器和试剂

(1) 仪器：紫外-可见光谱仪，石英比色皿，万分之一分析天平，容量瓶(25 mL、50 mL、100 mL 各 1 个)，移液管(1 mL、2 mL、5 mL、10 mL 各 1 支)，滴管。

(2) 试剂：丙酮(A.R.)，4-甲基-3-戊烯-2-酮(A.R.)，正己烷(A.R.)，氯仿(A.R.)，乙醇(A.R.)，去离子水。

四、实验步骤

1. 测试样品的制备

(1) 采用逐级稀释方法，分别配制浓度为 $1\times10^{-2} \sim 5\times10^{-2}$ mol/L 的丙酮的正己烷、乙醇和水溶液。

(2) 采用逐级稀释方法，分别配制浓度为 $1\times10^{-4} \sim 5\times10^{-4}$ mol/L 的 4-甲基-3-戊烯-2-酮的正己烷、氯仿、乙醇和水溶液。

2. 紫外光谱的绘制

(1) 用 1 cm 石英比色皿，以相应的溶剂作参比，分别测绘丙酮的正己烷、乙醇和水溶液的紫外光谱，确定 R 带和最大吸收波长。

(2) 用 1 cm 石英比色皿，以相应的溶剂作参比，分别测绘 4-甲基-3-戊烯-2-酮的正己烷、氯仿、乙醇和水溶液的 K 带和 R 带的紫外光谱，并确定它们的最大吸收波长。

五、数据处理

(1) 分别计算丙酮在乙醇和水溶液中的氢键强度。

(2) 比较 4-甲基-3-戊烯-2-酮在不同溶剂中 K 带和 R 带的变化情况，总结 K 带和 R 带在不同溶剂中的变化规律。

(3) 分别计算 4-甲基-3-戊烯-2-酮在乙醇和水溶液中的氢键强度。

六、思考题

(1) 实验中为什么不在相同的浓度下测绘丙酮和 4-甲基-3-戊烯-2-酮的紫外光谱?

(2) 实验中如何判断所配制溶液的浓度是否过大或过小?

(3) 尝试利用公式 $E_H = E_p - E_n = N_A hc(1/\lambda_p - 1/\lambda_n)$，计算 4-甲基-3-戊烯-2-酮在不同溶剂中的 E_H 值，并给予合理的解释。

实验七　新鲜蔬菜中β-胡萝卜素含量的测定

一、实验内容与要求

(1) 掌握从新鲜胡萝卜中提取、分离β-胡萝卜素的方法。

(2) 掌握如何利用柱层析法分离和提纯有机化合物。

(3) 了解共轭多烯化合物的 $\pi \rightarrow \pi^*$ 跃迁吸收波长的计算方法及共轭多烯化合物的紫外光谱特征。

二、基本原理

β-胡萝卜素(β-carotene)是胡萝卜素中最重要的一种，广泛存在于各种植物、藻类和真菌中，在盐藻、胡萝卜、辣椒、甘薯中的含量较为丰富。β-胡萝卜素是维持人体健康不可缺少的营养物质。β-胡萝卜素是一种最常见的维生素 A 的补充剂，维生素 A 对于人体视觉发育至关重要，缺乏维生素 A 会导致夜盲症、眼球干燥症等；β-胡萝卜素也具有较强的自由基捕捉能力，具有抗癌、防衰老等功效。此外，β-胡萝卜素也是良好的食品添加剂。

β-胡萝卜素的结构式如图 2-7 所示，含有 11 个全反式共轭的双键结构。纯β-胡萝卜素为橙红色晶体，不溶于水，微溶于乙醇，易溶于非极性的有机溶剂。目前，提取β-胡萝卜素的方法主要有：有机溶剂法、超声波辅助萃取法、微波辅助萃取法、微乳法、加速溶剂萃取法、酶溶解提取法、超临界流体法等。其中，有机溶剂法由于操作简单且成本低，应用最为广泛。本实验采用有机溶剂法提取β-胡萝卜素。基于"相似相溶"原理，有机溶剂提取β-胡萝卜素的同时也能提取出其他脂溶性成分，如叶黄素、叶绿素等。因此，需要对提取物进行分离纯化，以获得高纯度的β-胡萝卜素。本实验采用柱层析法分离纯化提取的β-胡萝卜素。虽然β-胡萝卜素难溶于强极性的水溶性溶剂，如丙酮、甲醇和乙醇等，但有机溶剂法提取胡萝卜中的β-胡萝卜素时仍然会用到此类溶剂。这是因为新鲜的胡萝卜含有大量的水分，加入极性溶剂能与水混溶，增加非极性溶剂的渗透性，从而有利于β-胡萝卜素的提取。

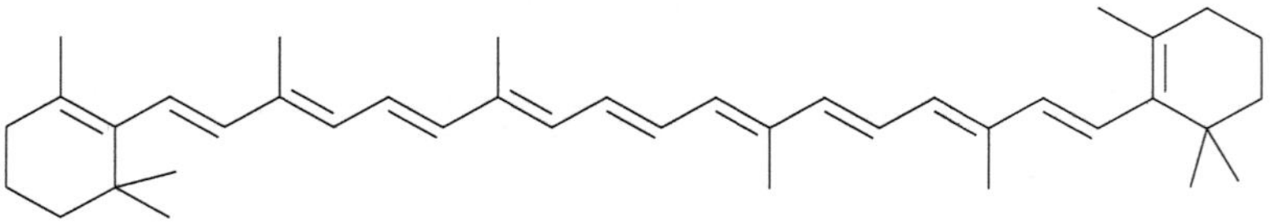

图 2-7　β-胡萝卜素的结构式

本实验通过从新鲜的胡萝卜中分离并测定β-胡萝卜素的含量，掌握天然产物的提取、分离与纯化技术(特别是利用柱层析对复杂体系进行分离的技术)，并了解共轭多烯化合物紫外光谱最大吸收波长的计算方法及光谱特征。

三、仪器和试剂

(1) 仪器：紫外-可见光谱仪，石英比色皿，分析天平，旋转蒸发仪，砂芯漏斗，层析柱，研钵，分液漏斗，容量瓶(25 mL、50 mL、100 mL 各 1 个)，移液管(1 mL、2 mL、5 mL、10 mL 各 1 支)，滴管。

(2) 样品和试剂：新鲜胡萝卜，β-胡萝卜素(A.R.)，丙酮(A.R.)，正己烷(A.R.)，二氯甲烷，活性氧化镁(A.R.)，无水硫酸镁(A.R.)，去离子水。

四、实验步骤

1. 测试样品的制备

将新鲜胡萝卜洗净，并切成碎屑。称取 2～3 g 碎屑至研钵中，加入 50 mL 丙酮-正己烷混合液(体积比约为 4∶1)，研磨(约 3 min)、过滤、收集滤液。把滤饼转移至研钵中重复上述操作 2～3 次，直至提取液接近无色。合并所得有机相，用去离子水洗涤 2 次，用无水硫酸镁干燥。过滤除去硫酸镁后，利用旋转蒸发仪蒸除挥发性物质，剩余物质用于柱层析分离。

2. 柱层析分离

1) 层析柱的准备

在高度约 30 cm、内径约 3 cm 的层析柱底部加入少许脱脂棉，并借助钢丝塞紧，以防脱落。在脱脂棉上部覆盖 1～2 cm 厚石英砂，并轻轻敲击柱体，使其上表面水平。加入固定相 MgO，同样轻敲柱体使其上表面水平。最后在上表面覆盖一层石英砂(图 2-8)。用正己烷淋洗填充好的层析柱至柱体内无气泡。

2) 柱层析

将实验步骤 1. 中所得的剩余物溶于约 5 mL 正己烷中(若浑浊可滴加少许二氯甲烷，至完全溶解)。当流动相上液面刚好与石英砂齐平时，将上述溶液用滴管沿柱壁加到层析柱柱头上。待溶液的上液面刚好没入石英砂层后，加入正己烷，缓慢进行洗脱。观察到橙色谱带下移至柱子中部时，改用体积比为 1∶9 的丙酮-正己烷混合液继续洗脱，并收集含有该橙色谱带的洗脱液。

3. 测定最大吸收波长

取一定量的 β-胡萝卜素标样，配制成浓

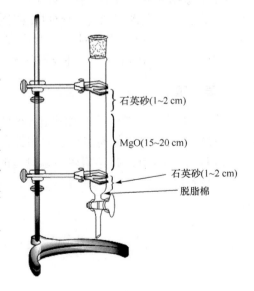

石英砂(1~2 cm)

MgO(15~20 cm)

石英砂(1~2 cm)

脱脂棉

图 2-8　层析柱填充示意图

度为 25 μg/mL 的溶液。在波长 200～800 nm 范围内，用紫外-可见光谱仪进行波谱扫

描，测定 β-胡萝卜素的最大吸收波长，并以此波长作为 β-胡萝卜素测定的工作波长。

4. 标准曲线的绘制

将实验步骤3. 中配制的 β-胡萝卜素标准溶液用正己烷稀释成浓度分别为 0.5 μg/mL、1.0 μg/mL、1.5 μg/mL、2.0 μg/mL 和 2.5 μg/mL 的标准溶液。以实验步骤 3. 中测定的最大吸收波长为工作波长，以正己烷为参比，依次测定 5 个标准溶液的吸光度，并绘制 β-胡萝卜素的标准曲线。

5. 测定提取液中 β-胡萝卜素的含量

以实验步骤 3. 中测定的最大吸收波长为工作波长、以 1∶9 的丙酮-正己烷混合液为参比，测定实验步骤 2.2)中分离得到的 β-胡萝卜素溶液的紫外光谱。注意：此时溶液的吸光度应介于 0.5 μg/mL 和 2.5 μg/mL 这两个标准溶液的吸光度之间，若不在该区间，要进行适当的稀释或浓缩。

五、数据处理

(1) 以 β-胡萝卜素的浓度为横坐标、吸光度为纵坐标，绘制标准曲线，并根据绘制的标准曲线计算 β-胡萝卜素的摩尔吸光系数 ε。

(2) 根据实验步骤5. 中测得的吸光度，计算柱层析得到的 β-胡萝卜素溶液的浓度、质量及新鲜胡萝卜样品中 β-胡萝卜素的含量。

(3) 依据理论教材中计算含四个以上双键共轭体系的最大吸收波长公式计算 β-胡萝卜素的 λ_{max}，并与测量值进行比较[计算公式：$\lambda_{max} = 114 + 5M + n(48.0 - 1.7n) - 16.5R_{环内} - 10R_{环外}$，其中，$M$ 为共轭体系上取代基的烷基数；n 为共轭双键数；$R_{环内}$ 为含环内双键的环的个数；$R_{环外}$ 为含环外双键的环的个数]。

六、思考题

(1) 柱层析分离常用的固定相有哪些？如何选择合适的固定相？

(2) 柱层析时，如何追踪、收集无色的组分？

(3) 本实验中影响 β-胡萝卜素测定的因素有哪些？如何改进？

第三章　红外光谱法

实验八　烯烃不同异构体的区分

一、实验内容与要求

(1) 学习利用衰减全反射方法测绘液体样品的红外光谱。

(2) 掌握利用红外光谱区分烯烃的顺反异构体。

(3) 掌握利用红外光谱区分端位烯烃和内烯烃。

二、基本原理

红外光谱是反映分子振动和转动情况的光谱。用频率连续的红外光照射分子时，分子会吸收某些特定频率的辐射，由振动或转动能级的基态跃迁至激发态，使相应区域的透射光减弱。记录红外光的透射率与入射波长(或波数)变化关系的曲线，即得到红外光谱图。根据绘制的红外光谱图特征吸收谱带的位置、形状和强度，可以推断化合物分子中存在的官能团及其化学环境，实现对分子结构的鉴定，这是红外光谱法最重要的用途之一。此外，红外光谱也可用于化合物的定量分析。

烯烃化合物的红外光谱主要有三个特征吸收区域：①$3100\sim3000\ \mathrm{cm^{-1}}$，$\nu_{=CH}$；②$1680\sim1620\ \mathrm{cm^{-1}}$，$\nu_{C=C}$；③$1000\sim650\ \mathrm{cm^{-1}}$，$\omega_{=CH}$。当烯烃的精细结构不同时，其在 $1000\sim650\ \mathrm{cm^{-1}}$ 的吸收峰个数、波数及强度有区别，可用于烯烃精细结构的推断。单取代的端烯($R{-}CH{=}CH_2$)在该区域有 $\omega_{=CH}(995\sim985\ \mathrm{cm^{-1}})$ 和 $\omega_{=CH_2}(915\sim905\ \mathrm{cm^{-1}}$，s)两个吸收峰。双取代的端烯($R^1R^2C{=}CH_2$)在该区域只有 $\omega_{=CH_2}(895\sim885\ \mathrm{cm^{-1}}$，s)一个吸收峰。三取代的烯烃($R^1R^2C{=}CHR^3$)与顺、反式的双取代烯烃($R^1CH{=}CHR^2$)在该区域虽然都只有 $\omega_{=CH}$ 一个吸收峰，但是它们相应吸收峰的位置和强度不同：$R^1R^2C{=}CHR^3(\omega_{=CH}$，$830\sim810\ \mathrm{cm^{-1}}$，s)；反-$R^1CH{=}CHR^2(\omega_{=CH}$，$980\sim960\ \mathrm{cm^{-1}}$，s)；顺-$R^1CH{=}CHR^2(\omega_{=CH}$，$730\sim650\ \mathrm{cm^{-1}}$，s)。四取代的烯烃由于双键碳原子上已无 H 原子，在该区域内无相应的吸收峰。此外，由于四取代烯烃中双键的对称性增强，其 $C{=}C$ 双键的伸缩振动红外活性降低，在 $1680\sim1620\ \mathrm{cm^{-1}}$ 的吸收强度减弱或消失。

本实验利用衰减全反射方法测绘顺-β-甲基苯乙烯、反-β-甲基苯乙烯、α-甲基苯乙烯和烯丙基苯的红外光谱，掌握烯烃的顺反异构体与端位烯烃和内烯烃的红外光谱学特征，并能利用红外光谱数据对它们进行区分。

三、仪器和试剂

(1) 仪器：红外光谱仪，滴管。

(2) 试剂：顺-β-甲基苯乙烯(A.R.)，反-β-甲基苯乙烯(A.R.)，α-甲基苯乙烯(A.R.)，烯丙基苯(A.R.)。

四、实验步骤

1. 测试样品的制备

液体样品的测试一般采用液体样品池。液体样品池分为可拆样品池(图 3-1)和固定样品池。可拆样品池由于各次测量时液体厚度的重现性差，误差较大(约 5%)，一般仅用于定性分析和半定量分析。固定样品池可用于定量分析和易挥发样品的分析。样品池的窗片有多种材质，最常用的是 KBr、NaCl 盐片。如果样品是水溶液，则可选用 CaF_2、BaF_2、KRS-5 等水不溶性窗片。液体样品池用后要及时清洗干净，避免污染。配制样品溶液时，要尽可能选用极性小的溶剂，避免极性溶质与极性溶剂间产生溶剂效应，使谱图失真。

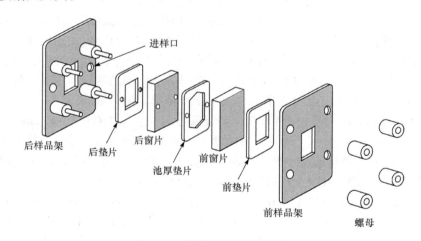

图 3-1　可拆样品池结构示意图

衰减全反射(attenuated total reflection，ATR)方法是红外反射光谱中常用的一种方法。ATR 方法具有样品用量少，无须处理，操作简单，清洁、维护容易等优点，可以替代压片和液体透射池，用于大部分凝聚态样品的测试。本实验采用单次反射金刚石 ATR 进行测试。使用 ATR 方法测试时要注意：测量前后要用镜头纸清洁窗口，必要时可用镜头纸蘸取低沸点溶剂擦拭；液体样品要把晶体表面全部遮盖(红外衰减全反射原理及测试组件见图 3-2)。

2. 红外光谱的测定

直接把液体样品滴在 ATR 组件的测试窗口进行测量。依次测量顺-β-甲基苯乙烯、反-β-甲基苯乙烯、α-甲基苯乙烯和烯丙基苯的红外光谱。

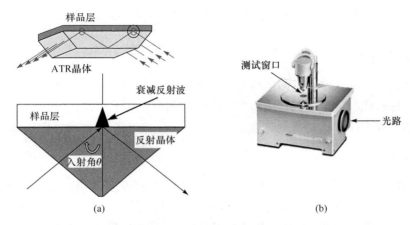

图 3-2　红外衰减全反射原理(a)及测试组件(b)示意图

五、数据处理

分析实验所得红外光谱图，归属单取代端烯烯丙基苯的 $\omega_{=CH}$ 和 $\omega_{=CH_2}$ 两个吸收峰；双取代端烯 α-甲基苯乙烯的 $\omega_{=CH_2}$ 吸收峰；双取代内烯顺-β-甲基苯乙烯和反-β-甲基苯乙烯的 $\omega_{=CH}$ 吸收峰。

六、思考题

(1) 衰减全反射测试方法的原理是什么？

(2) 衰减全反射测试方法的注意事项有哪些？

(3) 能否利用衰减全反射测试方法进行定量分析？

实验九　醛、酮、酯和酰胺的红外光谱

一、实验内容与要求

(1) 比较醛、酮、酯和酰胺的羰基吸收频率。

(2) 掌握取代基效应和共轭效应对羰基吸收频率的影响规律。

(3) 学习利用压片法制备测试样品。

二、基本原理

醛、酮、酯、酰胺、酸酐和酰卤等化合物都含有羰基官能团，此类化合物的红外吸收光谱在 $1900\sim1540\ \mathrm{cm^{-1}}$ 出现强吸收带。该吸收带是由羰基的伸缩振动($v_{C=O}$)所引起，除酯外常为第一强峰；同时在此区间内，受到其他吸收峰干扰的情况也相对较少，容易识别。此外，羰基伸缩振动的吸收频率对羰基的物理、化学环境比较敏感，受到样品凝聚状态、邻近基团、共轭效应、诱导效应、氢键、环张力等因素的影响。羰基吸收频率的变化能反映其化学环境的变化。因此，红外光谱中羰基伸缩振动的特征吸收对含羰基化合物的结构鉴定非常有帮助。

酮的特征吸收为羰基的伸缩振动($v_{C=O}$)，常是第一强峰。饱和脂肪酮的 $v_{C=O}$ 在 $1725\sim1705\ \mathrm{cm^{-1}}$。$\alpha$-C 上连接有吸电子基团时，羰基的吸收频率增大。与其他双键体系共轭时，羰基的吸收频率降低，吸收强度增大。环酮的吸收频率随着环张力的增大而增大。醛羰基的吸收频率大于相应的酮。饱和脂肪醛的 $v_{C=O}$ 在 $1740\sim1715\ \mathrm{cm^{-1}}$，与其他双键体系共轭时吸收频率降低。酯的特征吸收峰为 $v_{C=O}$ 和 v_{C-O-C}。其中，后者在 $1330\sim1150\ \mathrm{cm^{-1}}$ 的吸收常为第一强峰。双烷基酯的 $v_{C=O}$ 在 $1750\sim1735\ \mathrm{cm^{-1}}$，高于相应的酮类，这源于氧原子较强的吸电子诱导效应。酰胺中羰基吸收峰的频率小于相应的酮类，通常为 $1690\sim1630\ \mathrm{cm^{-1}}$，这是由于氮原子上的孤对电子对羰基的 p-$\pi$ 共轭效应大于氮原子的吸电子诱导效应。

本实验通过测定苯乙酮、二苯甲酮、2-溴苯乙酮、苯甲醛、肉桂醛、苯甲酸乙酯、N-甲基苯甲酰胺的红外光谱，巩固利用 ATR 法测量液体样品的红外光谱，学习利用压片法制备固体样品的锭片和测量方法，了解醛、酮、酯和酰胺类化合物羰基吸收频率的变化，掌握取代基效应和共轭效应对羰基吸收频率的影响规律。

三、仪器和试剂

(1) 仪器：红外光谱仪，滴管，压片机，玛瑙研钵，万分之一分析天平。

(2) 试剂：苯乙酮(A.R.)，二苯甲酮(A.R.)，2-溴苯乙酮(A.R.)，苯甲醛(A.R.)，肉桂醛(A.R.)，苯甲酸乙酯(A.R.)，N-甲基苯甲酰胺(A.R.)，丙酮(A.R.)，KBr(S.P.)。

四、实验步骤

1. 液体样品红外光谱的测试

液体样品采用 ATR 法测试。将液体样品滴在 ATR 组件测试窗口上，并确保将晶体表面全部遮盖。依次测绘苯乙酮、2-溴苯乙酮、苯甲醛、肉桂醛、苯甲酸乙酯、*N*-甲基苯甲酰胺的红外光谱。

2. 固体样品红外光谱的测试

1) 空白 KBr 锭片的制备

称取 150~250 mg 干燥的 KBr 于玛瑙研钵中，研磨至粒度小于 2.5 μm。用刮刀转移约 150 mg 研磨后的 KBr 粉末至压片机底模的磨面上，"盖上"带柱塞的顶模，并轻轻转动柱塞，使粉末铺平。然后，将模具放入手动油压机的载台上，并使其处于载台的中心(必要时可以使用真空泵抽气，除去粉末中含有的空气和水蒸气)。缓慢增加压力至 8~12 MPa，并保持 2~5 min。小心降压，取出模具。移除顶模和底模，得到厚 0.5~1.0 mm 的透明或半透明锭片(压片模具结构和简易液压机见图 3-3)。

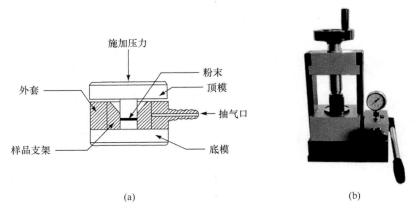

施加压力

外套　　粉末　顶模

　　　　抽气口

样品支架　底模

(a)　　　　　　　　　　　(b)

图 3-3　压片模具结构(a)和简易液压机(b)示意图

2) 测试样品 KBr 锭片的制备

称取 2~5 mg 固体样品和 150~250 mg 干燥的 KBr 于研钵中，按 1)中的步骤制备含测试样品的 KBr 锭片。

3) 样品的测试

使用空白 KBr 锭片测定背景吸收，校正基线。测绘二苯甲酮的红外光谱。

五、数据处理

(1) 分析实验中所得谱图，确认测得谱图的质量是否合格。查阅相关数据库(如萨特勒光谱数据库和 SDBS 等)，与样品的标准谱图进行比较。

(2) 比较苯乙酮、2-溴苯乙酮和二苯甲酮中羰基的吸收频率，并给予合理的解释。

(3) 比较苯甲醛和肉桂醛中羰基吸收频率的差别，并给予合理的解释。

(4) 比较苯乙酮、苯甲酸乙酯和 *N*-甲基苯甲酰胺中羰基的吸收频率，并给予合理的解释。

六、思考题

(1) 固体样品和液体样品各有几种制样方法？它们分别适用于哪种情况？

(2) 为什么要把分散剂 KBr 的粒度研磨至 2.5 μm 以下？

(3) 如何保证红外光谱仪的准确度？

(4) 如何判定红外光谱图是否合格？

(5) 论述共轭效应和取代基效应对羰基吸收频率的影响。

实验十　聚乙烯和聚苯乙烯膜红外光谱的测绘

一、实验内容与要求

(1) 学习薄膜样品的制备方法。

(2) 学习聚乙烯和聚苯乙烯红外光谱图的解析。

二、基本原理

(1) 在乙烯聚合成聚乙烯的过程中，乙烯分子中的双键被打开，聚合成$\text{(CH}_2\text{—CH}_2\text{)}_n$结构的长链，其分子中仅含有饱和亚甲基(—$CH_2$—)的重复结构单元。因此，其红外光谱的主要吸收峰为：①亚甲基的不对称伸缩振动 $v_{CH_2}^{as}$ 2926 cm^{-1}(s)；②亚甲基的对称伸缩振动 $v_{CH_2}^{s}$ 2853 cm^{-1}(s)；③亚甲基的对称弯曲振动 $\delta_{CH_2}^{s}$ 1465 cm^{-1}；④长亚甲基链的面内摇摆振动 $\delta_{(CH_2)_n,\ n>4}$ 722 cm^{-1}，该数值和 n 有关。

因此，在聚乙烯的红外光谱上能观察到四个主要的吸收峰。

(2) 在苯乙烯形成聚苯乙烯的过程中，同样是双键被打开，形成$\text{(CH}_2\text{—CHPh)}_n$结构的长链，其结构中含有亚甲基(—$CH_2$—)、次甲基(—CH—)和苯基的重复结构单元。因此，其红外光谱的主要吸收峰除了亚甲基(—CH_2—)的①~④吸收峰之外，还有：⑤苯环上质子的伸缩振动 $v_{=CH}$ 3100~3000 cm^{-1}；⑥次甲基的伸缩振动 v_{CH} 2955 cm^{-1}；⑦苯环的骨架振动 $v_{C=C}$ 1625~1450 cm^{-1}；⑧苯环上五个邻接氢的面外变形振动 $\delta_{=C—H}$ 770~730 cm^{-1}，710~690 cm^{-1}。

由此可见，聚苯乙烯的红外光谱比聚乙烯复杂得多。根据两者的红外光谱很容易鉴别它们。

本实验通过测定聚乙烯和聚苯乙烯的红外光谱，学习薄膜样品的制备方法，掌握聚合物样品的红外光谱数据的解析技巧。

三、仪器和试剂

(1) 仪器：红外光谱仪，红外灯，万分之一分析天平，滴管，细铅丝，玻璃板，吸水纸。

(2) 试剂：聚乙烯和聚苯乙烯的标样(A.R.)与样品，四氯化碳(A.R.)。

四、实验步骤

1. 聚乙烯和聚苯乙烯薄膜的制备

薄膜法适用于常规方法难以测绘的样品，如高分子化合物。常用的成膜法有以下四种：

(1) 熔融成膜。适用于熔点低、熔融时不分解、无化学变化的样品。

(2) 热压成膜。适用于热塑性聚合物。将样品在模具中加热至软化点以上，压成薄膜。

(3) 溶液成膜。适用于可溶性聚合物。将样品溶于适当的溶剂，滴在玻璃板上使溶剂挥发得到薄膜。

(4) 液膜法。适用于液体样品。在可拆液体池两片窗片之间滴 2 滴液体样品，使其形成一层薄的液膜。切记使用 KBr 窗片时样品不得有水。

总之，薄膜法测绘红外光谱要求膜的厚度为 10～30 μm，且厚薄均匀、无气泡。

本实验采用溶液成膜法制备薄膜。配制 12%聚乙烯和聚苯乙烯的四氯化碳溶液。用滴管将上述溶液滴至干净的玻璃板上(玻璃板面积约 30 mm×50 mm)，立即用细铅丝推平，并使其自然挥干(约 1 h)。将玻璃板浸入水中，用镊子小心地揭下薄膜，用吸水纸轻轻吸除薄膜上的水，将薄膜置于红外灯下烘干。

2. 红外光谱的测绘

将实验步骤 1. 中制得的样品薄膜置于样品卡片上进行扫描，测绘其红外光谱。

五、数据处理

分析实验中所得谱图，归属聚乙烯和聚苯乙烯相应官能团的特征吸收峰。

六、思考题

(1) 聚丙烯的红外光谱有哪些主要的吸收峰？它们属于哪种基团的什么形式的振动？

(2) 如何制得合格的薄膜？

(3) 为什么制备用于测绘红外光谱的薄膜时，要除去溶剂和水分？

(4) 简要说明红外光谱仪的日常维护方法。

实验十一　羧酸类化合物在不同溶剂和状态下的红外光谱

一、实验内容与要求

(1) 了解不同测试方法对红外光谱的影响。

(2) 学习气体样品的红外光谱的测绘方法。

(3) 掌握羧酸类化合物的红外光谱的特征吸收。

二、基本原理

红外光谱是分子中各基团原子振动跃迁时吸收红外光产生的。分子的振动可以近似地看作分子中的原子以平衡点为中心，以很小的振幅做周期性振动。基于经典方法的模拟，振动频率取决于化学键的力常数和化学键两端连接原子的质量。但是，多原子分子的振动光谱远比用经典方法模拟的要复杂。分子内各基团的振动都不是孤立的，其振动频率受到邻近基团及分子整体结构的影响，还受到分子的凝聚态、溶剂、测试方法等外部因素的影响。同一官能团，嵌入不同分子母体中时，其振动吸收频率和强度会有明显差异。同一化合物，在不同的物理条件下其吸收特征也不相同。

羧酸类化合物的红外光谱受外部因素影响显著。羧酸中含有羰基和羟基，两者均为红外光谱中的强吸收基团，且两者能形成氢键而相互缔合。在不同物理条件下，羧酸化合物的缔合状态不同，其红外光谱也将发生显著变化。在很稀的溶液中或气体状态下，分子间作用较弱，羧酸主要以单体的形式存在。单体脂肪酸中羰基的伸缩振动 $\nu_{C=O}$ 在约 1760 cm^{-1}，单体芳香酸的 $\nu_{C=O}$ 在约 1745 cm^{-1}，单体羧酸中羟基的伸缩振动 ν_{OH} 在约 3550 cm^{-1} 有一个尖峰。在液体或固体状态时，分子间作用较强，羧酸主要以二聚体的形式存在(图 3-4)。二聚脂肪酸的 $\nu_{C=O}$ 在 1725～1700 cm^{-1}，二聚芳香酸的 $\nu_{C=O}$ 在 1705～1685 cm^{-1}。二聚状态羧酸的 ν_{OH} 一般出现一个以 3000 cm^{-1} 为中心很宽的吸收带。此外，二聚体的羧酸在 955～915 cm^{-1} 会出现一个由形成分子间氢键(=O···H—O)质子的面外变形振动引起的特征吸收峰。该吸收峰较宽，可用于判定羧酸的存在。

在溶液中，溶剂性质对羧酸分子间氢键的效果影响显著。在弱极性溶剂(如四氯化碳)的稀溶液中，羧酸主要以单体和二聚体的形式存在。在红外光谱中，能观察到羧酸单体分子中羰基的高波数吸收峰和二聚体分子中羰基的低波数吸收峰。在路易斯(Lewis)碱性溶剂中，羧酸的质子与溶剂分子中的碱性基团形成氢键。在红外光谱中，只能观察到单一的溶剂化后的羰基吸收峰(图 3-5)。

对于晶态长链的饱和脂肪酸，除了 $\nu_{C=O}$(1725～1700 cm^{-1})、ν_{OH}(约 3000 cm^{-1})和 $\nu_{=O···H—O}$(955～915 cm^{-1})三个羧酸的特征吸收峰之外，在 1350～1180 cm^{-1} 会出现特征显著的等间距吸收峰，峰的个数与亚甲基的个数相关。当亚甲基数目 n 为偶数时，吸收谱带的数目为 $n/2$；当 n 为奇数时，吸收谱带的数目为 $(n+1)/2$。一般在 $n > 10$ 时，可以使用此方法进行计算。

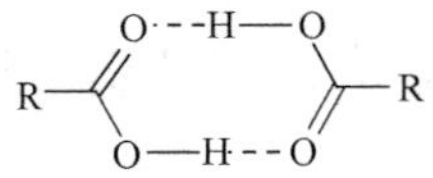

图 3-4　羧酸的二聚体 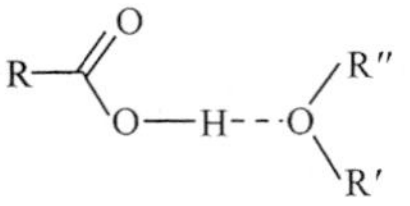　　　　　图 3-5　羧酸与溶剂分子形成氢键示意图

本实验通过测定乙酸、庚酸和十四烷酸的红外光谱，学习气体、液体和固体样品的红外光谱的测绘方法，了解不同的测绘方式对红外光谱吸收峰的影响，掌握羧酸类化合物的红外光谱的特征吸收。

三、仪器和试剂

(1) 仪器：红外光谱仪，压片机，玛瑙研钵，真空泵，万分之一分析天平。

(2) 试剂：乙酸(A.R.)，庚酸(葡萄花酸，A.R.)，十四烷酸(肉豆蔻酸，A.R.)，四氯化碳(A.R.)，二噁烷(A.R.)，KBr(S.P.)。

四、实验步骤

1. 气体测试样品的准备

选择光程长度 100 mm、直径 40 mm 的圆柱形气体池(图 3-6)。将左侧入口利用导管和抽气弯头与气体或低沸点液体样品的存储瓶相连接；右侧出口与真空装置相连接。首先，打开右侧活塞将气体池抽真空，然后关闭右侧活塞。打开左侧活塞导入气体样品或低沸点液体的蒸气，然后关闭左侧活塞。重复上述过程 2～3 次，以保证气体池中充满纯净的待测样品。用上述方法准备乙酸气体的测试样品。

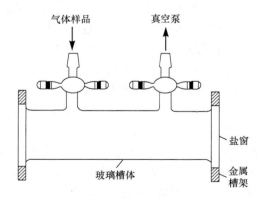

图 3-6　气体样品池结构示意图

2. 液体测试样品的准备

配制浓度为 1%乙酸的四氯化碳和二噁烷溶液，并将制备的溶液装入液体池(操作步骤参照实验八"烯烃不同异构体的区分")。

3. 固体测试样品的准备

称取适量的庚酸和十四烷酸加 100 倍的 KBr，研磨后，压制出合格的测试锭片(操作步骤参照实验九"醛、酮、酯和酰胺的红外光谱")。

4. 红外光谱的测绘

分别测绘乙酸蒸气、四氯化碳溶液、二噁烷溶液、乙酸液体(可选用方便的 ATR 方法)、庚酸和十四烷酸的红外光谱。

五、数据处理

(1) 比较不同方法测绘的乙酸样品红外光谱图的差异，并归属单体乙酸和聚合态乙酸中羰基的吸收峰。

(2) 比较庚酸和十四烷酸红外光谱的差异，并用 $1350 \sim 1180 \, cm^{-1}$ 出现的等间距吸收峰计算十四烷酸中亚甲基的个数。

六、思考题

(1) 除了实验中给出的方法，还有什么方法可以将样品的蒸气或气体样品倒入气体池？

(2) 测绘固体样品时，常用的分散剂有哪些？它们各自使用的波数范围是多少？

(3) 羧酸衍生物酰氯和酰胺主要以单体的形式存在还是以聚合态的形式存在？为什么？

实验十二　二甲苯混合物中各组分含量的测定

一、实验内容与要求

(1) 学习利用红外光谱进行定量分析的原理。

(2) 掌握利用液体池法进行定量分析的方法。

(3) 掌握利用基线法求样品的吸光度。

(4) 学习利用红外光谱对多组分样品进行定量分析的方法。

二、基本原理

红外光谱进行定量分析的基础是朗伯-比尔定律:

$$A = \lg \frac{I_0}{I_t} = \varepsilon b c \tag{3-1}$$

式中: A 为吸光度; I_0 为入射光强度; I_t 为透射光强度; b 为液层厚度(cm); c 为被测物质的浓度(mol/L); ε 为物质的摩尔吸光系数[L/(mol·cm)]。摩尔吸光系数 ε 是吸光物质在单位浓度(摩尔浓度)、单位光程(厘米)条件下, 对特定波长电磁波的吸光度, 其数值取决于吸光物质在特定波长处发生跃迁的概率, 是吸光物质的一个特征常数, 可作为定性分析的参数。如果朗伯-比尔定律中的浓度 c 用百分浓度(g/100 mL)表示, 则相应的吸光系数符号用 $a_{1\text{cm}}^{1\%}$ 表示, $A = a_{1\text{cm}}^{1\%} b c$。$a_{1\text{cm}}^{1\%}$ 与 ε 的关系为: $a_{1\text{cm}}^{1\%} = 10\varepsilon/M$(或 $\varepsilon = 0.1 M a_{1\text{cm}}^{1\%}$)。

利用红外光谱进行定量分析时, 一般采用双光束参比的方式进行测绘, 以扣除背景吸收, 并采用基线法测量吸光度。基线法是通过选定的吸收峰的两峰肩作一条公切线作为基线, 然后通过吸收峰的极值点 t 作垂线, 垂线和基线相交于 r 点。分别以 r 点和 t 点对应的数值作为入射光和透射光的强度 I_0 和 I_t。图 3-7 给出了两种常见形状的吸收峰(对称型吸收峰和非对称型吸收峰)利用基线法求 I_0 和 I_t 的示例。最后, 依照 $A = \lg(I_0/I_t)$, 求得该波长处的吸光度。

对于多组分样品定量分析, 优先选择各组分不发生重叠的特征吸收峰进行分析。若找不到各自独立的特征峰, 由于吸光度 A 具有加和性, 利用交叠的吸收峰也可以进行定量分析。例如, 某一混合物含有 n 个组分, 各组分的浓度分别为 c_1、c_2、$\cdots$、c_n。它们在工作波长处的吸光系数依次为 a_1^v、a_2^v、$\cdots$、a_n^v, 则样品在分析波数处总的吸光度为

$$A^v = A_1^v + A_2^v + \cdots + A_n^v = a_1^v b c_1 + a_2^v b c_2 + \cdots + a_n^v b c_n \tag{3-2}$$

含有 n 个组分的样品, 就可以选取 n 个分析波数得到 n 个方程, 组成下列方程组:

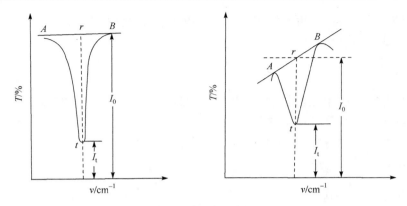

图 3-7　两种常见峰形的基线法求吸光度示意图

$$
\begin{cases}
A^{v1} = a_1^{v1}bc_1 + a_2^{v1}bc_2 + \cdots + a_n^{v1}bc_n \\
A^{v2} = a_1^{v2}bc_1 + a_2^{v2}bc_2 + \cdots + a_n^{v2}bc_n \\
\qquad\qquad\qquad \vdots \\
A^{vi} = a_1^{vi}bc_1 + a_2^{vi}bc_2 + \cdots + a_n^{vi}bc_n \\
\qquad\qquad\qquad \vdots \\
A^{vn} = a_1^{vn}bc_1 + a_2^{vn}bc_2 + \cdots + a_n^{vn}bc_n
\end{cases}
$$

式中：A^{vi} 为在分析波数 i 处的总吸光度，由仪器测得的透射率计算得到；a_n^{vi} 为组分 n 在分析波数 i 处的吸收系数，其值可以利用标准样品配制的标准溶液测得；b 为液体样品池的厚度。因此，n 个未知的浓度可由 n 个联立方程求得。

　　本实验通过测定二甲苯混合物中各组分的含量，学习如何利用红外光谱对混合组分进行组分含量的分析。实验中所用二甲苯样品为对二甲苯、间二甲苯、邻二甲苯三者的混合物。三者苯环上 C—H 键面外变形振动分别在 793 cm^{-1}、766 cm^{-1} 和 739 cm^{-1} 处出现特征吸收峰，彼此并不交叠，作为定量分析的工作波长是非常理想的。因此，选取 793 cm^{-1}、766 cm^{-1} 和 739 cm^{-1} 的三个吸收峰为分析峰。

三、仪器和试剂

　　(1) 仪器：红外光谱仪，固定液体池，进样注射器，容量瓶(10 mL)，万分之一分析天平。

　　(2) 试剂：对二甲苯(G.C.)，间二甲苯(G.C.)，邻二甲苯(G.C.)，环己烷(A.R.)。

四、实验步骤

　　(1) 分别称取邻二甲苯(100 mg)、间二甲苯(150 mg)、对二甲苯(150 mg)，置于三个 10 mL 容量瓶中，用环己烷稀释至刻度、摇匀。以此溶液为标准溶液测绘三者的红外光谱。

　　(2) 分别称取邻二甲苯、间二甲苯、对二甲苯各 150 mg，置于同一个 10 mL 容量瓶中，用环己烷稀释至刻度、摇匀，作为二甲苯的混合样品。测绘其红外光谱，每个样品测定三次，取其平均值。

五、数据处理

(1) 用基线法求出纯样品的吸光度。以 793 cm^{-1}、766 cm^{-1} 和 739 cm^{-1} 分别作为对二甲苯、间二甲苯、邻二甲苯的分析波数。

对二甲苯	A_p^{793}	A_p^{766}	A_p^{739}
间二甲苯	A_m^{793}	A_m^{766}	A_m^{739}
邻二甲苯	A_o^{793}	A_o^{766}	A_o^{739}

(2) 依据以上吸光度数据，运用朗伯-比尔定律 $A = abc$，求出相应的吸光系数 [L/(g · cm)]。

对二甲苯	a_p^{793}	a_p^{766}	a_p^{739}
间二甲苯	a_m^{793}	a_m^{766}	a_m^{739}
邻二甲苯	a_o^{793}	a_o^{766}	a_o^{739}

(3) 从二甲苯异构体混合物的红外光谱图中求出 793 cm^{-1}、766 cm^{-1} 和 739 cm^{-1} 的吸光度。

对二甲苯　　　　A_p^{793} (混)

间二甲苯　　　　A_m^{766} (混)

邻二甲苯　　　　A_o^{739} (混)

(4) 以 c_p、c_m、c_o 分别代表混合物中对、间、邻二甲苯的浓度，列出联立方程：

$$\begin{cases} A^{793}(混) = a_p^{793}bc_p + a_m^{793}bc_m + a_o^{793}bc_o \\ A^{766}(混) = a_p^{766}bc_p + a_m^{766}bc_m + a_o^{766}bc_o \\ A^{739}(混) = a_p^{739}bc_p + a_m^{739}bc_m + a_o^{739}bc_o \end{cases}$$

解联立方程求出 c_p、c_m 和 c_o(g/L)。

(5) 由于选取的每个分析波数处只对应一种异构体的吸收，其余两个异构体的吸收很弱，所以可求近似值：

$$A^{793}(混) \approx a_p^{793}bc_p \quad 求得c_p$$

$$A^{766}(混) \approx a_m^{766}bc_m \quad 求得c_m$$

$$A^{739}(混) \approx a_o^{739}bc_o \quad 求得c_o$$

(6) 与混合物中对、间、邻二甲苯的真实浓度进行比较，求出误差。

六、思考题

(1) 利用红外光谱做定量分析时，如何选择吸收峰？

(2) 使用固定液体池进行测绘时，有哪些注意事项？

(3) 利用红外光谱做定量分析时，对样品吸光度有无要求？

第四章　核磁共振波谱法

第一节　核磁共振波谱仪

　　1945年，美国哈佛大学的珀塞耳(E. M. Purcell)和斯坦福大学的布洛赫(F. Bloch)领导的研究组几乎同时发现了核磁共振(nuclear magnetic resonance，NMR)现象。具有磁矩的原子核在外部磁场的作用下，受到电磁波的激发而产生的共振跃迁现象称为核磁共振。为了能够观察到稳定的共振信号，必须使共振信号连续重复出现。

　　核磁共振波谱仪有两种工作方式。一种称为连续波核磁共振(CW-NMR)：固定电磁波频率，改变磁场的扫描方式进行检测称为扫场(field-sweep)；或者固定磁场强度，改变射频的扫描方式称为扫频(frequency-sweep)，这两种方式均为连续波(continuous wave)扫描。当使用连续波仪器时，是连续变化一个参数使不同基团的核依次共振而画出谱线，在任一瞬间只有一种原子核处于共振状态，其他的原子核都处于"等待"状态。为了得到较好的核磁共振谱图，扫描速度必须很慢，从而使核自旋体系在整个扫描期间与周围介质保持平衡。而当样品量小时，为了得到足够强的信号，必须不断累加，所需时间更长，不仅造成测试时间增长，而且难以保证信号长期不漂移。另一种是脉冲傅里叶变换核磁共振(PFT-NMR)：其核心思想是使所有的原子核同时共振，从而能够在很短的时间间隔内完成一次核磁共振谱图的测试。脉冲傅里叶变换核磁共振是在连续波核磁共振的基础上，充分利用脉冲技术和计算机的功能实现的。它在一个作用时间短、强度大的射频脉冲中给出所有的激发频率，具有一定频谱宽度的原子核都能同时发生共振，在脉冲后，接收线圈就会感应到含该样品的共振频率信号的干涉图，即自由感应衰减(free induction decay，FID)信号。它包含了分子中所有核的信息，是时间的函数，经计算机完成傅里叶变换(Fourier transform，FT)后，FID信号转换为常用的连续波谱图。与连续波核磁共振仪相比，使用脉冲傅里叶变换核磁共振仪具有以下几个优点：①在脉冲作用下，所有的核同时共振；②脉冲作用时间短，达到微秒数量级，所需测试时间远小于连续波仪器；③脉冲傅里叶变换核磁共振仪采用分时装置，信号的接收在脉冲发射之后，不会发生连续波仪器中发射机信号直接泄漏到接收机的问题；④可以使用各种脉冲系列，使测试方式多样化。

　　核磁共振仪主要由磁铁、射频发射器、探头和接收器组成，普通核磁共振仪采用永久磁铁或电磁铁，装有电磁铁的仪器也仅限于100 MHz以内，更高频率的核磁共振仪其外磁场需采取低温超导装置。目前400 MHz的核磁共振仪已在大多数院校和科研机构广泛使用。

第二节　核磁共振实验条件

核磁共振是一种灵敏度相对较低的分析方法，为了得到满意的核磁共振谱图，需要一定的实验条件。

1. 样品的准备

进行核磁共振分析的样品，一般需要溶解在氘代试剂中，装入专用的核磁共振样品管。选择溶剂时要考虑对样品的溶解度。氘代氯仿($CDCl_3$)因其价格便宜、易获得，成为最常用的溶剂。其他使用较多的氘代溶剂还有氘代丙酮(acetone-d_6)、重水(D_2O)、氘代二甲基亚砜(DMSO-d_6)、氘代甲醇(CD_3OD)等。样品的用量与仪器的灵敏度有关，使用脉冲傅里叶变换核磁共振仪测定常规 ^1H NMR 时，如果核磁共振样品管直径 5 mm，样品用量一般为 5～10 mg，溶解在约 0.5 mL 溶剂中，装入样品管后，溶液在样品管中的高度约 5 cm。对于 ^{13}C NMR，由于 ^{13}C 的同位素丰度太低，仅为 ^{12}C 的 1.1%，而且 ^{13}C 的磁旋比 γ 是 ^1H 的 1/4，NMR 的灵敏度与 γ^3 成正比，因此在相同的磁场条件下，^{13}C NMR 的灵敏度相当于 ^1H NMR 灵敏度的 1/5800。脉冲傅里叶变换技术的出现，使 ^{13}C NMR 在有机化学上的实际应用成为可能。在测定 ^{13}C NMR 时，样品量一般约 20 mg，所需时间要适当延长。在实际操作中，要根据样品的性质选择合适的样品量，样品浓度太大时，会导致 ^1H NMR 裂分变差；浓度太小时，需要的测量时间会变长，特别对于 ^{13}C NMR 影响较大。

配制的样品若含有未溶物质或黏度太大，会导致局部磁场不均匀，使谱线变宽。

2. 标准物质

常用的标准物质是四甲基硅烷(TMS)，它只有一个单峰，化学位移值为 0。有些极性大的化合物只能用重水或其他极性大的溶剂，不便使用 TMS，可用水溶性更好的 4,4-二甲基-4-硅代戊磺酸钠(DSS)，只是在 0.5～3.0 有亚甲基杂峰，但当内标浓度比较低(1%)时，杂峰干扰可以忽略。目前，添加了 0.03% TMS 的氘代试剂可以很方便购得。

另外，氘代试剂不可能达到 100% 的同位素纯度，大部分氘代率为 99.0%～99.8%，残留的微量氢会有相应的峰，如氘代氯仿中微量的 $CHCl_3$ 在约 7.26 出峰。因此，也可以用氘代试剂中残留氢的出峰位置对化学位移进行校正(表 4-1)。

表 4-1　常用氘代试剂中溶剂峰的化学位移

	$CDCl_3$	$(CD_3)_2CO$	$(CD_3)_2SO$	C_6D_6	CD_3CN	CD_3OD	D_2O
^1H NMR	7.26	2.05	2.50	7.16	1.94	3.31	4.79
^{13}C NMR	77.16 ± 0.06	29.84 ± 0.01	39.52 ± 0.06	128.06 ± 0.02	1.32 ± 0.02	49.00 ± 0.01	
		206.26 ± 0.13			118.26 ± 0.02		

实验十三　自旋去耦法测定乙酸乙酯的核磁共振波谱

一、实验内容与要求

(1) 学习核磁共振仪测定氢谱的方法。

(2) 掌握自旋去耦法判断分子中碳链的连接方式。

二、基本原理

质子同核自旋去耦是一种重要的双共振实验，采用此技术可以简化谱图，确定相互耦合信号之间的关系，发现隐藏的信号并得到耦合常数等。

在核磁共振谱图中，如果 A 核和 B 核互相耦合，B 核的磁矩将在 A 核处产生一个局部磁场，从而使 A 核感受到的磁场发生变化，A 的谱线被 B 裂分成多重峰。如果在 A 被照射(照射频率为 v_1)而共振的同时，以强的功率照射(照射频率为 v_2)B，B 核发生共振并被饱和，B 核在两个能级之间快速跃迁，在 A 核处产生的局部磁场平均为零，即去掉了 B 核对 A 核的耦合作用，A 核的谱型就变成单峰。

本实验通过自旋去耦法测定乙酸乙酯的核磁共振氢谱，熟悉有机化合物中质子的耦合裂分特征，学习利用自旋去耦法判断分子中碳链的连接方式。

三、仪器和试剂

(1) 仪器：400 MHz 核磁共振仪，标准核磁共振样品管(直径 5 mm，1 支)，玻璃注射器(1 mL，1 支)，微量进样器(100 μL，1 支)。

(2) 试剂：乙酸乙酯，氘代氯仿。

四、实验步骤

(1) 在核磁共振样品管中加入约 0.5 mL 氘代氯仿(液体高度约 5 cm)和 15 μL 乙酸乙酯，摇匀。

(2) 测定乙酸乙酯的核磁共振氢谱，得到其 ^{1}H NMR 谱图。

(3) 以干扰场照射乙氧基中—CH$_3$ 的一组峰，记录其去耦谱图。

(4) 以干扰场照射乙氧基中—CH$_2$— 的一组峰，记录其去耦谱图。

五、数据处理

(1) 由乙酸乙酯的 ^{1}H NMR 谱图解释各组峰的归属，并通过积分曲线指出各组峰的氢数量比。

(2) 根据去耦谱图说明各组氢的耦合情况。

六、思考题

(1) 使用氘代氯仿作为溶剂，不加内标的情况下，如何对核磁共振谱图的化学位移进行校正？

(2) 配制样品时，为什么使溶液在核磁共振样品管中的高度约为 5 cm？

实验十四　　自旋去耦法测定乙酸乙烯酯的核磁共振波谱

一、实验内容与要求

(1) 学习掌握单取代烯烃 C=C 双键中氢的耦合裂分情况。

(2) 掌握自旋去耦法判断烯烃分子中 C—H 键的连接方式。

二、基本原理

对于含有 C=C 双键的有机化合物，通常双键上连接的每个氢所处的化学环境不同，其化学位移和裂分情况都会较为复杂。对于单取代烯烃，取代基 R 对烯烃 C=C 双键中氢的化学位移有比较重要的影响，烯氢化学位移经验公式如下：

$$\delta_{C=C_{H}} = 5.25 + Z_{同} + Z_{顺} + Z_{反} \tag{4-1}$$

当取代基 R 为酰氧基时，$Z_{同}$、$Z_{顺}$ 和 $Z_{反}$ 的数值分别约为 2.11、−0.35 和−0.64，通过这个经验公式可以初步判断 C—H 的连接方式。

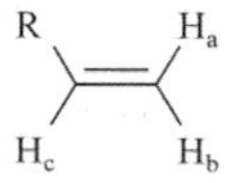

另外，末端双键碳上的 H_a 和 H_b 的耦合常数 J_{ab} 通常为 0~2 Hz，处于反式位置的 H_a 和 H_c 的耦合常数 J_{ac} 通常为 12~18 Hz，而处于顺式位置的 H_b 和 H_c 的耦合常数 J_{bc} 通常为 6~12 Hz。因此，可以通过耦合常数的大小，根据核磁共振谱图初步判断 C—H 的顺反结构(图 4-1)。

图 4-1　端烯质子的耦合

本实验通过测定乙酸乙烯酯的核磁共振氢谱，熟悉烯烃双键上质子的耦合裂分特征，并判断质子的顺反结构。

三、仪器和试剂

(1) 仪器：400 MHz 核磁共振仪，标准核磁共振样品管(直径 5 mm，1 支)，玻璃注射器(1 mL，1 支)，微量进样器(100 μL，1 支)。

(2) 试剂：乙酸乙烯酯，氘代氯仿。

四、实验步骤

(1) 在核磁共振样品管中加入约 0.5 mL 氘代氯仿(液体高度约 5 cm)和 15 μL 乙酸乙烯酯，摇匀。

(2) 测定乙酸乙烯酯的核磁共振氢谱，得到其 ^1H NMR 谱图。

(3) 以干扰场照射化学位移约为 7.26 的一组峰，记录其去耦谱图。

(4) 以干扰场照射化学位移约为 4.88 的一组峰，记录其去耦谱图。

(5) 以干扰场照射化学位移约为 4.56 的一组峰，记录其去耦谱图。

五、数据处理

(1) 由乙酸乙烯酯的 ^{1}H NMR 谱图解释各组峰的归属。

(2) 根据去耦谱图说明各组氢的耦合情况。

六、思考题

(1) 乙酸乙烯酯中乙酰氧基如何影响烯烃 C=C 双键中氢的化学位移?

(2) 与甲基相比，为什么烯烃氢的积分信号较小?

实验十五 核磁共振法测定乙酰乙酸乙酯互变异构体的相对含量

一、实验内容与要求

(1) 学习使用核磁共振仪进行定量分析的方法。

(2) 掌握异构体中不同氢的化学位移变化情况。

二、基本原理

互变异构是有机化学中常见的现象，特别是对于 1,3-二羰基化合物，酮式和烯醇式异构体往往同时存在，其相对含量与温度、浓度及溶剂等有关。用化学方法测定乙酰乙酸乙酯两种互变异构体的相对含量时，操作烦琐，且条件和终点不易控制。用核磁共振法测定具有简单快速的优点。

在核磁共振谱图中，乙酰乙酸乙酯的酮式和烯醇式异构体中氢的化学位移如图 4-2 所示。

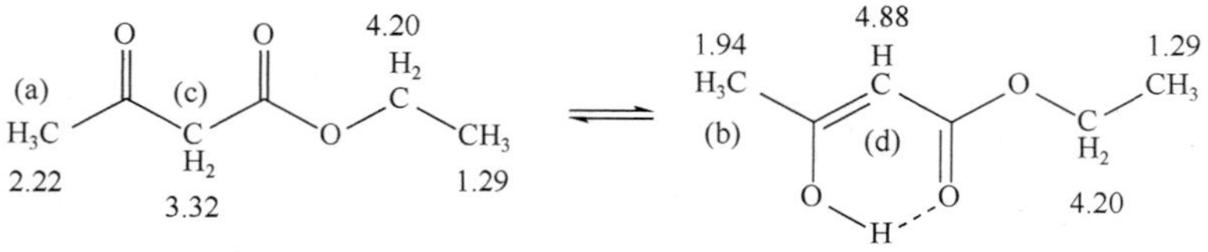

图 4-2　乙酰乙酸乙酯的互变异构体中氢的化学位移

在两种异构体中，酮式的羰甲基(a)与烯醇式中的烯甲基(b)在核磁共振谱图中不重叠，均是单峰，并且氢数量较多，因此选择它们进行定量分析较为合适。由于两个异构体的分子量相同，测定的两组氢个数也相同，因此异构体的质量分数等于其摩尔分数，等于两组峰的峰面积比。

$$w(\text{烯醇式}) = \frac{S_b}{S_a + S_b} \times 100\% \tag{4-2}$$

本实验通过测定乙酰乙酸乙酯的核磁共振氢谱，学习通过 ^1H NMR 谱图判断异构体比例的方法。

三、仪器和试剂

(1) 仪器：400 MHz 核磁共振仪，标准核磁共振样品管(直径 5 mm，2 支)，玻璃注射器(1 mL，2 支)，微量进样器(100 μL，1 支)。

(2) 试剂：乙酰乙酸乙酯，氘代氯仿，四氯化碳。

四、实验步骤

1. 氘代氯仿溶剂

(1) 在核磁共振样品管中加入约 0.5 mL 氘代氯仿(液体高度约 5 cm)和 15 μL 乙酰乙酸乙酯，摇匀。

(2) 测定乙酰乙酸乙酯的核磁共振氢谱，得到其 ^{1}H NMR 谱图。

2. 四氯化碳溶剂

(1) 在核磁共振样品管中加入约 0.5 mL 四氯化碳(液体高度约 5 cm)和 15 μL 乙酰乙酸乙酯，摇匀。

(2) 测定乙酰乙酸乙酯的核磁共振氢谱，得到其 ^{1}H NMR 谱图。

五、数据处理

(1) 根据化学位移和峰裂分情况归属酮式和烯醇式的不同氢类型。
(2) 计算烯醇式的质量分数。

六、思考题

(1) 比较使用氘代氯仿和四氯化碳作溶剂得到的两张 ^{1}H NMR 谱图的差别，并说明原因。

(2) 为什么选取两个甲基的 H_a 和 H_b 测定烯醇式的含量，而不是选取 H_c 和 H_d?

实验十六　　不同氘代溶剂对乙醇核磁共振测定的影响

一、实验内容与要求

(1) 掌握在不同氘代溶剂中质子的化学位移变化情况。

(2) 掌握根据被测化合物的性质或实验要求选择合适的氘代试剂。

二、基本原理

同一个样品,进行核磁共振测试时所用的溶剂不同,其化学位移也有一定的差异,这是由于溶剂和溶质之间有不同的作用, 称为溶剂效应。不同的溶剂有不同的容积磁化率, 使样品分子所受的磁感应强度不同,因此对化学位移产生影响。溶剂分子接近溶质分子,使溶质分子的氢原子外的电子云形状改变,产生去屏蔽效应;溶剂分子的磁各向异性导致对溶质分子不同部位的屏蔽和去屏蔽;溶质分子的极性诱导基团诱导周围电介质产生电场,该诱导电场反过来影响分子其余部分氢原子的屏蔽。另外,氢键对化学位移的影响较大,如羟基、氨基等基团的化学位移可以在一个较大范围内变化,其数值与样品的浓度、温度、溶剂都有关。

本实验通过测定乙醇在不同氘代溶剂中的核磁共振氢谱,熟悉氘代溶剂对 ^1H NMR 谱图的影响。

三、仪器和试剂

(1) 仪器:400 MHz 核磁共振仪, 标准核磁共振样品管(直径 5 mm, 3 支),玻璃注射器(1 mL, 3 支),微量进样器(100 μL, 1 支)。

(2) 试剂:乙醇,氘代氯仿,氘代二甲基亚砜(DMSO-d_6),重水。

四、实验步骤

1. 氘代氯仿溶剂

(1) 在核磁共振样品管中加入约 0.5 mL 氘代氯仿(液体高度约 5 cm)和 15 μL 乙醇,摇匀。

(2) 测定乙醇的核磁共振氢谱,得到其 ^1H NMR 谱图。

2. DMSO-d_6 溶剂

(1) 在核磁共振样品管中加入约 0.5 mL DMSO-d_6(液体高度约 5 cm)和 15 μL 乙醇,摇匀。

(2) 测定乙醇的核磁共振氢谱,得到其 ^1H NMR 谱图。

3. 重水溶剂

(1) 在核磁共振样品管中加入约 0.5 mL 重水(液体高度约 5 cm)和 15 μL 乙醇，摇匀。

(2) 测定乙醇的核磁共振氢谱，得到其 $^1H\,NMR$ 谱图。

五、数据处理

(1) 根据化学位移和峰裂分情况归属乙醇的不同氢类型。

(2) 比较三种不同溶剂中，乙醇分子中各类氢的化学位移变化情况。

六、思考题

(1) 比较使用三种溶剂得到的 $^1H\,NMR$ 谱图中羟基氢的出峰情况，并说明原因。

(2) 如何利用羟基氢在不同溶剂中的出峰差异？

实验十七　2-甲基吲哚啉的核磁共振波谱

一、实验内容与要求

(1) 学习分子的不对称性对核磁共振谱图的影响。

(2) 学习掌握环状化合物中手性碳上的氢对相邻氢的影响。

二、基本原理

核磁共振氢谱图的核心数据是质子的化学位移和峰的裂分情况。质子的化学环境决定其化学位移，质子与质子之间相互耦合决定谱峰的裂分情况。在分析氢谱中各种质子的化学位移和裂分情况时，需要综合考虑质子的化学等价性和磁等价性。化学等价的质子具有相同的化学位移；磁不等价的质子之间耦合产生裂分。虽然磁等价的质子间相互耦合，但谱图上并不产生裂分。其中，比较具有代表性的是对分子 CH_2 基团的化学位移和裂分情况的分析。在固定环上 CH_2 的两个氢往往不是化学等价的，与手性碳相连的 CH_2 的两个氢也不是化学等价的。对于苯并杂环化合物 2-甲基吲哚啉，杂环上的 CH_2 和 CH 既有环结构的影响，又包含手性碳，其核磁共振谱图变得更复杂。对于 H_a，既与甲基有相互作用，同时又分别和 H_b、H_c 作用，核磁共振谱图上呈现出多重峰；对于 H_b，受到 H_a 和 H_c 的作用，谱图上呈现出 dd 特征的四重峰；H_c 与 H_b 类似，受到 H_a 和 H_b 的作用，谱图上呈现出 dd 特征的四重峰，但 H_b 和 H_c 的化学位移相差较大。图 4-3 为 2-甲基吲哚啉五元环上质子之间的耦合。

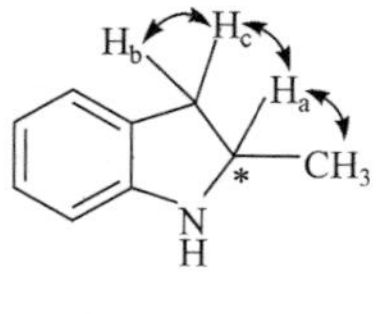

图 4-3　2-甲基吲哚啉五元环上质子之间的耦合

本实验通过测定 2-甲基吲哚啉的核磁共振氢谱，熟悉环状化合物和手性碳上质子的 ^1H NMR 的特征。

三、仪器和试剂

(1) 仪器：400 MHz 核磁共振仪，标准核磁共振样品管(直径 5 mm，1 支)，玻璃注射器(1 mL，1 支)，微量进样器(100 μL，1 支)。

(2) 试剂：2-甲基吲哚啉，氘代氯仿。

四、实验步骤

(1) 在核磁共振样品管中加入约 0.5 mL 氘代氯仿(液体高度约 5 cm)和 15 μL 2-甲

基吲哚啉，摇匀。

(2) 测定 2-甲基吲哚啉的核磁共振氢谱，得到其 ^{1}H NMR 谱图。

五、数据处理

根据化学位移和峰裂分情况归属 2-甲基吲哚啉的氢。

六、思考题

(1) 论述常见的五元环和六元环化合物的亚甲基中氢的出峰情况。

(2) 对于非环状化合物，亚甲基与手性碳相连时，两个氢在核磁共振谱图上的出峰情况如何？

实验十八　邻、间、对三种甲基苯甲酸乙酯的核磁共振波谱

一、实验内容与要求

(1) 掌握苯环上的氢出峰情况。

(2) 学习通过核磁共振谱图判断双取代苯化合物中取代基的位置。

二、基本原理

取代芳环的芳氢核磁共振谱图相对比较复杂,随苯环上取代基的多少而发生变化。取代苯上氢的化学位移经验公式为

$$\delta = 7.30 - \sum S \tag{4-3}$$

甲基苯甲酸乙酯有三种异构体,甲基和酯基的影响如表 4-2 所示,化学位移相差不大,因此从化学位移大小很难判断异构体中取代基的相对位置。

表 4-2　取代基对苯上氢化学位移的影响

取代基	$S_{邻}$	$S_{间}$	$S_{对}$
—CH$_3$	0.15	0.10	0.10
—COOH(R)	−0.80	−0.25	−0.20

芳环中,氢核间的耦合常数邻位较大,对位较小,对位芳氢的耦合在常规操作时不易察觉,如 $J_{邻} = 6.0 \sim 9.4$ Hz, $J_{间} = 0.8 \sim 3.1$ Hz, $J_{对} = 0.2 \sim 1.5$ Hz。理论上,二元取代苯的核磁共振谱图非常复杂,耦合裂分的谱线繁多,但随着核磁共振仪磁场强度的增加,可以增大 Δv 数值,从而使核间干扰减小,谱图简化。目前对于 300 MHz 及以上的核磁共振仪,二取代苯的核磁共振谱图已经大大简化,并且不同位置取代的氢的核磁共振谱图都具有一些典型特征。对于二取代的甲基苯甲酸乙酯,三个异构体苯环氢的化学位移略有差异,但耦合裂分情况相差较大,因此可以通过耦合裂分情况判断取代基的位置。根据取代基对化学位移的影响及耦合裂分情况可知:邻甲基苯甲酸乙酯苯环氢有三组峰;间甲基苯甲酸乙酯苯环氢有两组峰,其中包含一个单重峰;对甲基苯甲酸乙酯有两组双重峰。

本实验通过测定甲基苯甲酸乙酯三种异构体的核磁共振氢谱,学习不同位置的取代基对苯环氢的化学位移和耦合裂分的影响。

三、仪器和试剂

(1) 仪器:400 MHz 核磁共振仪,标准核磁共振样品管(直径 5 mm,3 支),玻璃注射器(1 mL,1 支),微量进样器(100 μL,3 支)。

(2) 试剂:氘代氯仿,邻甲基苯甲酸乙酯、间甲基苯甲酸乙酯、对甲基苯甲酸乙酯

分别以样品编号①、②、③随机标注。

四、实验步骤

(1) 在核磁共振样品管中加入约 0.5 mL 氘代氯仿(液体高度约 5 cm)和 15 mg 样品①，摇匀。

(2) 测定样品①的核磁共振氢谱，得到其 ^1H NMR 谱图。

(3) 在核磁共振样品管中加入约 0.5 mL 氘代氯仿(液体高度约 5 cm)和 15 mg 样品②，摇匀。

(4) 测定样品②的核磁共振氢谱，得到其 ^1H NMR 谱图。

(5) 在核磁共振样品管中加入约 0.5 mL 氘代氯仿(液体高度约 5 cm)和 15 mg 样品③，摇匀。

(6) 测定样品③的核磁共振氢谱，得到其 ^1H NMR 谱图。

五、数据处理

(1) 根据取代苯上氢的化学位移经验公式计算三种异构体苯环氢的化学位移，并与实测谱图进行比较。

(2) 说明三种异构体苯环氢的耦合裂分情况。

六、思考题

(1) 根据化学位移和耦合裂分情况对苯环氢进行归属。

(2) 解释甲基和酯基如何影响苯环氢的化学位移。

实验十九　DEPT45、DEPT90、DEPT135 技术在结构解析中的应用

一、实验内容与要求

(1) 学习 DEPT45、DEPT90、DEPT135 测试方法。

(2) 根据 DEPT45、DEPT90、DEPT135 谱图结果解析化合物中碳原子的类型。

二、基本原理

^{13}C NMR 与 ^{1}H NMR 的基本原理相同，但碳与其相连的氢之间的耦合常数很大，为 100～200 Hz。碳与氢的耦合使得碳谱很复杂，不易辨识。脉冲傅里叶变换核磁共振仪问世之后，^{13}C NMR 才用于常规分析。在实验中，往往根据需求，采用不同种类的去耦方法对某些或全部耦合作用加以屏蔽，使谱图简单化。目前所见的碳谱一般都是质子去耦谱。一般采用三种去耦法：质子宽带去耦法、偏共振去耦法和选择性质子去耦法。质子宽带去耦是在扫描时，同时用一个强的去耦射频在可使全部质子共振的频率区进行照射，使得对 ^{13}C 的耦合全部去除。宽带去耦是最常用的去耦方法，它最大的优点是使 ^{13}C NMR 谱简化，各种碳核都是一条单峰，但缺点是失去了许多结构信息，如碳的类型、耦合情况等。

无畸变极化转移增强(distortionless enhancement by polarization transfer, DEPT)是核磁共振碳谱中的一种常用检测技术，主要用于区分碳谱图中的伯碳、仲碳、叔碳和季碳。依据使用脉冲的角度，分为 DEPT45、DEPT90、DEPT135。$\theta = 135°$ 的 DEPT 谱图：甲基、次甲基的峰向上(信号为正)，亚甲基为倒峰(信号为负)；$\theta = 90°$ 的 DEPT 谱图：只能看到次甲基向上的峰；$\theta = 45°$ 的 DEPT 谱图：所有次甲基、亚甲基、甲基的峰都向上。其中，DEPT45 不常用，因 DEPT135 和 DEPT90 即可区分出伯碳、仲碳、叔碳，由于季碳在所有的 DEPT 谱图中都没有信号，因此只要与全谱对比，就很容易得到季碳信息。表 4-3 列出 DEPT 谱图中不同碳的出峰情况。

表 4-3　DEPT 谱图中不同碳的出峰情况

^{13}C NMR	C	CH	CH$_2$	CH$_3$
宽带去耦	+	+	+	+
DEPT45	×	+	+	+
DEPT90	×	+	×	×
DEPT135	×	+	−	+

例如，4-羟基-3-甲基-2-丁酮，在 ^{13}C 全谱中有 5 个峰；DEPT135 谱图包含 2 个甲基和 1 个次甲基的正峰，1 个亚甲基倒峰；DEPT90 谱图只有 1 个峰，为次甲基的峰，对于该化合物，这样就可以判断出各峰的归属；而 DEPT45 谱图中，除季碳不出现外，所有次甲基、亚甲基、甲基的峰都向上(图 4-4)。

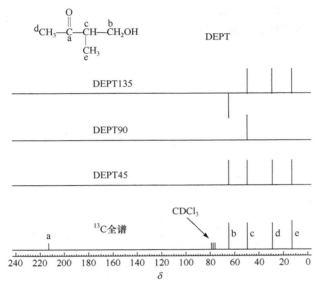

图 4-4　4-羟基-3-甲基-2-丁酮的 DEPT 谱图

本实验通过测定肉桂酸异丁酯的 DEPT 谱图，掌握不同取代碳在 DEPT 谱图中的特征。

三、仪器和试剂

(1) 仪器：400 MHz 核磁共振仪，标准核磁共振样品管(直径 5 mm，1 支)，玻璃注射器(1 mL，1 支)，微量进样器(100 μL，1 支)。

(2) 试剂：氘代氯仿，肉桂酸异丁酯。

四、实验步骤

(1) 在核磁共振样品管中加入约 0.5 mL 氘代氯仿(液体高度约 5 cm)和 20～30 μL 肉桂酸异丁酯样品，摇匀。

(2) 测定肉桂酸异丁酯的核磁共振碳谱，得到其 ^{13}C NMR 谱图。

(3) 测定肉桂酸异丁酯的 DEPT45 谱图。

(4) 测定肉桂酸异丁酯的 DEPT90 谱图。

(5) 测定肉桂酸异丁酯的 DEPT135 谱图。

五、数据处理

对核磁共振谱图中的峰进行相应的归属。

六、思考题

(1) 苯环和双键上的碳如何出峰?

(2) 如何判断肉桂酸异丁酯的顺反构型?

实验二十　核磁共振法定量分析阿司匹林、非那西汀与咖啡因混合物中各组分的含量

一、实验内容与要求

(1) 掌握核磁共振法测试混合物时如何选取特征峰。

(2) 掌握核磁共振法对混合物中各组分进行定量分析的方法。

二、基本原理

阿司匹林(aspirin)、非那西汀(phenacetin)与咖啡因(caffeine)分别具有不同化学位移的氢(图 4-5)。利用不同化学位移的氢的积分面积可以求出化合物的相对比例，如果使用已知浓度的咖啡因溶液作标样，则可以求出各化合物的绝对含量。

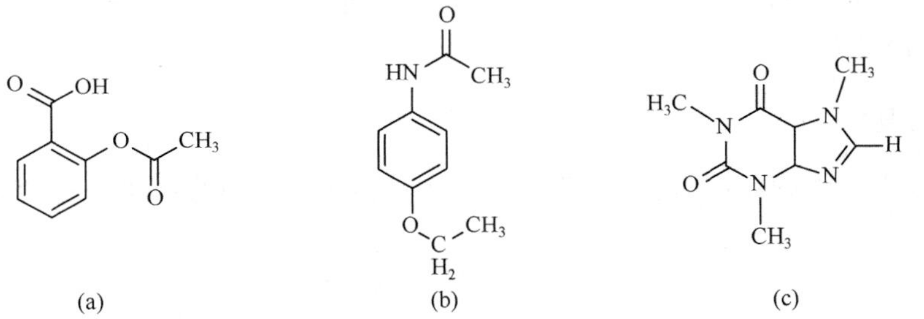

图 4-5　阿司匹林(a)、非那西汀(b)与咖啡因(c)的结构式

由阿司匹林、非那西汀与咖啡因的核磁共振谱图可以看出，阿司匹林可以由乙酰基中的甲基氢($\delta = 2.35$)的积分面积进行定量分析，它与非那西汀的乙酰基中的甲基氢($\delta = 2.12$)的化学位移不同，在谱图上出峰不重叠，可以用该甲基氢进行定量分析。而咖啡因分子中有三个 NCH_3，其中一个 NCH_3 的氢 $\delta = 4.00$，该氢与非那西汀的 OCH_2 的氢峰($\delta = 3.99$)有重叠，因此不能用来进行定量分析，另外两个 NCH_3 的氢化学位移分别为 3.41 和 3.58，均可以用来对咖啡因进行定量分析(图 4-6)。标样可以把咖啡因溶解到氘代氯仿中，根据 NCH_3 的积分面积确定。

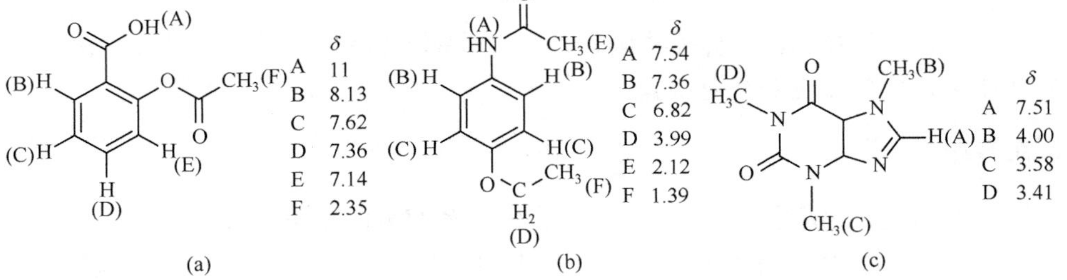

图 4-6　阿司匹林(a)、非那西汀(b)与咖啡因(c)中各种氢的化学位移

本实验通过测定阿司匹林、非那西汀与咖啡因混合物的核磁共振氢谱，学习利用化合物的特征峰判断并分析其在混合物中的含量。

三、仪器和试剂

(1) 仪器：400 MHz 核磁共振仪，万分之一分析天平，标准核磁共振样品管(直径 5 mm，2 支)，玻璃注射器(1 mL，1 支)。

(2) 试剂：氘代氯仿，阿司匹林，非那西汀，咖啡因。

四、实验步骤

(1) 用分析天平称取约 20 mg 咖啡因，溶于准确量取的 1 mL 氘代氯仿中，配制成标准溶液。

(2) 分别称取 5~15 mg 阿司匹林、非那西汀和咖啡因，溶于约 0.5 mL 氘代氯仿并转移至核磁共振样品管中(液体高度约 5 cm)。

(3) 在相同的仪器条件下，分别测定咖啡因标准溶液、混合物溶液的核磁共振氢谱各 3 次，取平均值。

五、数据处理

(1) 混合物中阿司匹林(A)、非那西汀(P)和咖啡因(C)的物质的量比可以用下式进行计算：

$$n(A) : n(P) : n(C) = S(A) : S(P) : S(C)$$

(2) 混合样品中阿司匹林、非那西汀和咖啡因的含量(质量分数)可以用下式进行计算：

$$阿司匹林含量 = \frac{w_A}{w_样} \times 100\% = \left[\left(\frac{S_A}{S_标} \times \frac{M_A}{M_C} \times C_标 \right) \div w_样 \right] \times 100\%$$

$$非那西汀含量 = \frac{w_P}{w_样} \times 100\% = \left[\left(\frac{S_P}{S_标} \times \frac{M_P}{M_C} \times C_标 \right) \div w_样 \right] \times 100\%$$

$$咖啡因含量 = \frac{w_C}{w_样} \times 100\% = \left[\left(\frac{S_C}{S_标} \times C_标 \right) \div w_样 \right] \times 100\%$$

由以上公式计算出混合样品中阿司匹林、非那西汀和咖啡因的含量，与标样中质量分数比较，计算相应的绝对误差。

六、思考题

(1) 没有标样的情况下，如何计算混合物中各组分的质量分数？

(2) 对于非那西汀，是否可以用 OCH_2 中的氢积分面积求质量分数？可以的话，如何计算？

实验二十一 乙酰丙酮的 ^1H、^{13}C 核磁共振谱图的综合解析

一、实验内容与要求

(1) 掌握核磁共振仪测定化合物 ^1H NMR、^{13}C NMR 谱图的方法。

(2) 学习解析含异构体化合物的核磁共振谱图。

二、基本原理

乙酰丙酮具有酮式和烯醇式两种异构体，存在如图 4-7 所示的动态平衡。

图 4-7 乙酰丙酮的互变异构

如果以酮式存在，则 ^1H NMR 应有 CH_3 和 CH_2 两个单重峰；如果酮式和烯醇式同时存在，不考虑醇羟基的情况下，则 ^1H NMR 应有 4 个峰。对于 ^{13}C NMR，若以酮式存在，则有 CH_3、CH_2 及 $C=O$ 三个峰；酮式和烯醇式共存时，谱图上应出现 6 个峰。通过谱图的情况可以判断出是否有互变异构体存在，并根据峰强度判断两种异构体的比例(图 4-8)。

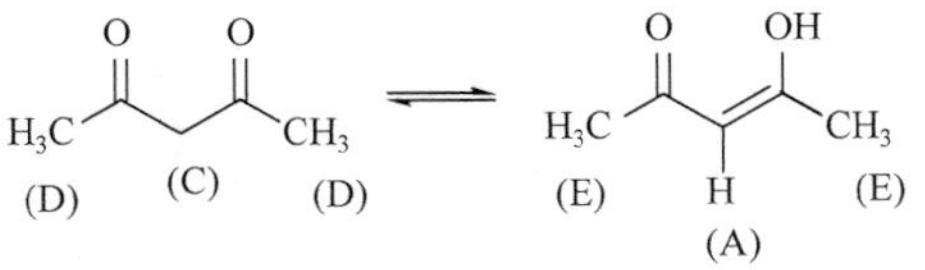

	δ
A	5.524
C	3.612
D	2.236
E	2.044

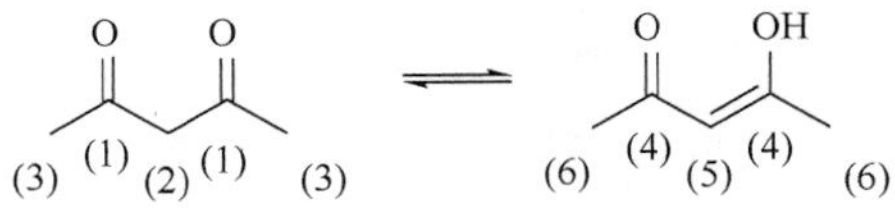

	δ
1	202.09
2	58.52
3	30.82
4	191.25
5	100.48
6	24.80

图 4-8 乙酰丙酮的酮式和烯醇式 ^1H NMR、^{13}C NMR 中氢和碳的化学位移

本实验通过测定乙酰丙酮的 ^1H NMR、^{13}C NMR 谱图，熟悉异构体的核磁共振谱图特征，并判断它们的比例。

三、仪器和试剂

(1) 仪器：400 MHz 核磁共振仪，标准核磁共振样品管(直径 5 mm，2 支)，玻璃注射器(1 mL，1 支)，微量进样器(100 μL，1 支)。

(2) 试剂：氘代氯仿，乙酰丙酮。

四、实验步骤

(1) 在核磁共振样品管中加入约 0.5 mL 氘代氯仿(液体高度约 5 cm)和 10～15 μL 乙酰丙酮，摇匀。

(2) 测定乙酰丙酮的核磁共振氢谱，得到其 ^1H NMR 谱图。

(3) 在核磁共振样品管中加入约 0.5 mL 氘代氯仿(液体高度约 5 cm)和 20～30 μL 乙酰丙酮，摇匀。

(4) 测定乙酰丙酮的核磁共振碳谱，得到其 ^{13}C NMR 谱图。

五、数据处理

(1) 由 ^1H NMR 谱图确定各峰的归属。

(2) 由 ^{13}C NMR 谱图确定各峰的归属。

六、思考题

(1) 在异构体共存情况下，为什么 ^1H NMR 有 4 个峰，^{13}C NMR 有 6 个峰？

(2) 如何选取相应的峰比较两种异构体的比例？

第五章 质 谱 法

第一节 质谱实验的基本条件

分子在离子源接受能量时，先失去一个电子，得到带正电荷的分子离子，分子离子进一步裂解后，形成带正电荷的碎片离子，这些离子按照其质量 m 和电荷 z 的比值(m/z，习惯上称质荷比)大小依次排列成谱并记录下来，称为质谱(mass spectrum，MS)。进行质谱分析的仪器称为质谱仪。

质谱图一般都采用"条图"。在图中横坐标表示质荷比(m/z)，因为 z 值常为 1，所以实际上 m/z 值多为该离子的质量。纵坐标表示峰的相对强度(relative intensity，RI)或称相对丰度(relative abundance，RA)。纵坐标是以图中最强的离子峰(称为基准峰，也称基峰)的峰高作为 100%，而以对它的百分比来表示其他离子峰的强度(图 5-1)。峰越高表示检测到的离子越多，即谱线的强度与离子的多少成正比。

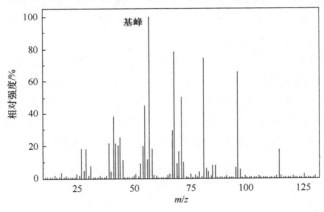

图 5-1 甲基环己烷的质谱图

质谱仪一般由进样系统、离子源、质量分析器、检测器组成，此外还包括真空系统、供电系统和数据处理系统等辅助设备。图 5-2 是质谱仪的组成示意图。对于不同种类和不同用途的质谱仪，其结构有所不同。

质谱仪的进样方式有多种，离子源也有多种，两者要配套使用。目前常用的进样方式有直接探针进样、间歇式进样和色谱进样。

(1) 直接探针进样：固体和沸点较高的液体样品可以用进样杆将样品通过真空闭锁装置送入离子源中，样品在高真空的离子源中被加热气化。应注意的是，采用这种直接进样杆所用样品容易过多，目测恰好能看见一小粒晶体即可，加热速度也要控制，

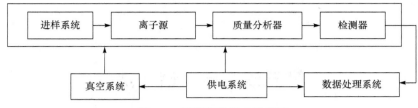

图 5-2　质谱仪的组成示意图

以免样品气化过快。进样杆(也称探针杆)是一直径为 6 mm、长为 25 cm 的不锈钢杆，一端装有手柄，另一端有一盛放样品的石英坩埚、金坩埚或铂坩埚。进样杆可以将微克量或更少的样品直接送入离子源，进样杆中的样品可以在数秒之内加热到很高的温度。这样既可增加样品分压，又可提高样品利用率。

(2) 间歇式进样：低沸点样品可以通过储罐系统导入，将过量的样品(约 0.1 mg)气化并导入一个抽空的加热储罐中，样品以恒定的流速由储罐通过一个小孔(分子漏缝)流入离子源。储罐系统全部由玻璃制成，并保持恒温，以避免样品发生催化、热分解或冷凝。

(3) 色谱进样：质谱仪能与色谱仪通过接口连在一起，组成 GC-MS(气相色谱-质谱)或 HPLC-MS(高效液相色谱-质谱)联用系统。色谱仪作为分离工具及质谱仪的进样系统，由色谱柱流出的样品经过接口装置，除去流动相后进入质谱仪，而质谱仪则成为色谱仪的检测器。GC-MS 和 HPLC-MS 中的关键问题是气相色谱或高效液相色谱与质谱的接口问题，如 GC-MS 中接口要解决的是气压匹配问题，而 HPLC-MS 中接口要解决的是不让流动相进入质谱仪。

质谱分析的对象是离子，因此首先要把样品分子或原子电离成离子。产生离子的装置称为离子源。离子源中的本底压力(无样品时的气压)约为 10^{-5} Pa。

在质谱仪中，要求离子源产生的离子多、稳定性好、质量歧视效应小。质谱仪的离子源种类很多，其原理和用途各不相同。无机质谱仪一般用电感耦合等离子体离子源、火花放电电离源和辉光放电离子源。有机质谱仪中常用的几种离子源如表 5-1 所示。

表 5-1　有机质谱仪中的几种离子源

名称	简称	类型	离子化试剂
电子轰击离子化 (electron impact ionization)	EI	气相	高能电子
化学电离 (chemical ionization)	CI	气相	试剂离子
场电离 (field ionization)	FI	气相	高电势电极
场解吸 (field desorption)	FD	解吸	高电势电极
快速原子轰击 (fast atom bombardment)	FAB	解吸	高能原子
二次离子质谱 (secondary ion mass spectroscopy)	SIMS	解吸	高能离子

名称	简称	类型	离子化试剂
激光解吸 (laser desorption)	LD	解吸	激光束
电流体动力学电离(电离雾化) (electrohydrodynamic ionization)	EHI	解吸	高场
电喷雾电离 (electrospray ionization)	ESI		荷电微粒能量

质量分析器是质谱仪中的重要组成部分，由它将离子源产生的离子按质荷比分开。质谱仪使用的分析器有一二十种，应用比较广泛的有单聚焦分析器、双聚焦分析器、四极质谱分析器、飞行时间质量分析器、离子阱质量分析器及傅里叶变换离子回旋共振等。

有机质谱仪常用的检测器有直接电检测器、电子倍增器、闪烁检测器和微通道板等。

(1) 直接电检测器。直接电检测器是用平板电极或法拉第圆筒接收离子流，然后由直流放大器或静电放大器进行放大后记录。

(2) 电子倍增器。电子倍增器是用离子束撞击阴极表面，使其发射出二次离子，再用二次离子依次轰击一系列电极，最后由阳极接收电子流，使离子流信号得到放大。

(3) 闪烁检测器。由质量分析器出来的高速离子打击闪烁体使其发光，然后用光电倍增器测量闪烁体发出的光，并转化成电信号后放大。

(4) 微通道板。微通道板是由大量微通道管(管径约 20 µm，长约 1 mm)组成。微通道管由高铅玻璃制成，具有较高的二次电子发射率。每一个微通道相当于一个通道型连续电子倍增器。整块微通道板则相当于若干这种电子倍增器并联，每块板的增益为 10^4。欲获得更高的增益，可将微通道板串联使用。

第二节 质谱分析的实验条件

质谱分析是一种高灵敏度的分析方法，直接探头进样时，可以分析 $10^{-9}\sim10^{-6}$ g 数量级的固体或液体样品。对于有较高蒸气压的化合物，应适当减少进样量，当进样量大时会降低进样装置的真空度并污染离子源。

质谱仪要在良好的真空度条件下工作，当真空度不高时，系统中氧气会影响离子源灯丝的寿命；离子源中气压高会干扰电子轰击源电子束的正常调节；气压高会发生离子-分子反应导致碎片谱图改变；离子源中气压高还会导致高达数千伏的离子加速电压的放电。

进行质谱分析时，通常需要借助一个包含已知质荷比的离子峰作为参考来校正未知离子的质量。参考物应能在较大的质量范围内提供较大相对强度的已知质量的离子峰，具有一定的挥发性且是化学惰性的，在分析过程中不会引起凝聚、吸附和分解。

实验二十二　质谱仪分辨率的测定

一、实验内容与要求

了解质谱仪分辨率的测定方法。

二、基本原理

分辨率 R：表示仪器分开两个相邻离子的能力，通常用 R 表示。如果仪器能刚好分开质量为 M 和 $M+\Delta M$ 的两个质谱峰，则仪器的分辨率为

$$R = \frac{M}{\Delta M} \tag{5-1}$$

例如，CO 和 N_2 形成的离子，其质量分别为 27.9949 和 28.0061，若某仪器能够刚好分开这两种离子，则该仪器的分辨率为

$$R = \frac{M}{\Delta M} = \frac{27.9949}{28.0061 - 27.9949} \approx 2500 \tag{5-2}$$

在实际测量时，并不一定要求两个峰完全分开，而是可以有部分重叠。一般最常用的是 10%峰谷定义，表示为 $R_{10\%}$。两个相邻质谱峰的质量分别为 M 和 $M+\Delta M$，规定两个峰的信号大小(峰高)相同，在两峰等高的情况下，意味着两峰以 5%的高度重合，它们的峰谷相当于峰高的 10%(图 5-3)。但在实际测量中，很难找到正好两峰重叠 10%的峰高，因此把分辨率 R 转换为

$$R_{10\%} = \frac{M}{\Delta M} \times \frac{a}{b} \tag{5-3}$$

式中：a 为相邻两峰的中心距离；b 为峰高 5%处的峰宽。

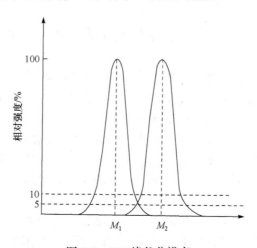

图 5-3　10%峰谷分辨率

一般 R 在 10000 以下称为低分辨质谱(LRMS)，R 在 10000～50000 称为中分辨质

谱，R 在 50000 以上称为高分辨质谱(HRMS)。低分辨质谱只能给出整数的离子质量数；高分辨质谱则可给出小数点后几位的离子质量数。

本实验通过分辨率的测定，理解质谱仪分辨率的意义。

三、仪器和试剂

(1) 仪器：质谱仪(电子轰击离子源)。

(2) 试剂：甲苯和二甲苯的混合液。

四、实验步骤

(1) 电子轰击离子源为 70 eV，离子源温度为 200℃，线性扫描的质量范围为 20～200 amu。

(2) 待真空度达到要求且仪器稳定后，将二甲苯和甲苯的混合液 1 μL 进样，并记录质谱图。

五、数据处理

使用二甲苯和甲苯进行质谱仪分辨率的测量时，所用的离子质量为 92.0581(二甲苯，$^{13}CC_6H_7^+$，M)和 92.0626(甲苯，C_7H_8，M＋ΔM)。根据记录的谱图得到甲苯离子峰的峰宽 b，以及二甲苯离子峰($^{13}CC_6H_7^+$)与甲苯离子峰的峰距 a，代入公式即可求得分辨率 R。

六、思考题

使用二甲苯和甲苯测量分辨率时，为什么选用二甲苯的 $^{13}CC_6H_7^+$ 离子峰？

实验二十三　正二十四烷的质谱分析

一、实验内容与要求

掌握正构烷烃质谱的主要特点，说明各碎片离子峰的来源。

二、基本原理

烷烃的质谱有下列特征：

(1) 直链烷烃的分子离子峰常可观察到，不过其强度随分子量增大而减小。

(2) M–15 峰弱，因为长链烃不易失去甲基。

(3) 直链烷烃的质谱由一系列峰簇组成，峰簇中最高峰为 $C_nH_{2n+1}^+$ 系列离子，其余有 $C_nH_{2n}^+$、$C_nH_{2n-1}^+$ 等。其中，m/z 43($C_3H_7^+$) 和 m/z 57($C_4H_9^+$) 峰总是很强(基峰)，因为丙基离子和丁基离子很稳定。除此之外，还有少量的 $C_nH_{2n-1}^+$ 系列离子，来源于 $C_nH_{2n+1}^+$ 脱 H_2。例如，直链烃正己烷的质谱数据见表 5-2，其质谱图如图 5-4 所示。

表 5-2　正己烷的质谱数据

m/z	27	28	29	41	42	43	55	56	57	71	86
相对强度/%	17	20	23	57	26	54	8	47	100	7	22

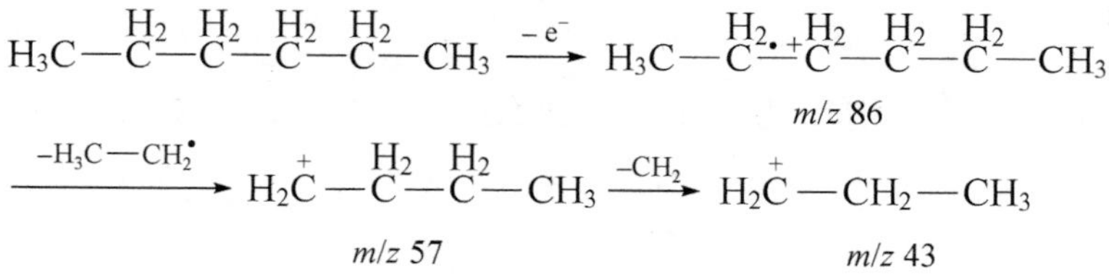

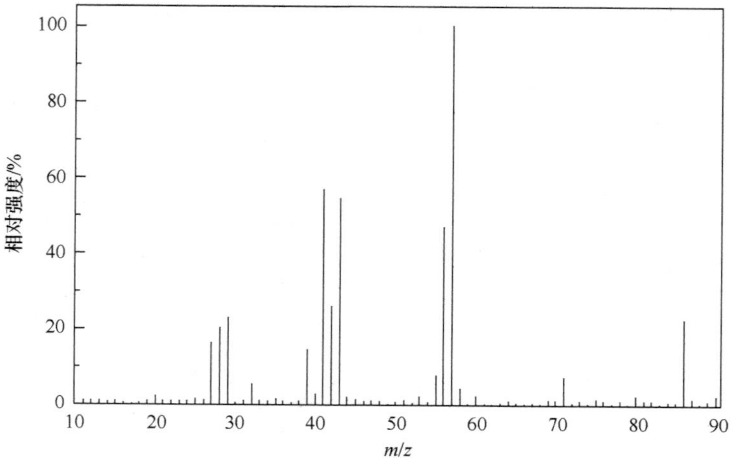

图 5-4　正己烷的质谱图

本实验通过对正二十四烷进行质谱分析，熟悉正构烷烃的质谱特点，掌握烷烃的碎片峰产生的规律。

三、仪器和试剂

(1) 仪器：质谱仪(电子轰击离子源)。
(2) 试剂：正二十四烷。

四、实验步骤

(1) 电子轰击离子源为 70 eV，离子源温度为 200℃，线性扫描的质量范围为 20～400 amu。
(2) 待真空度达到要求且仪器稳定后，进样 2～4 μg 正二十四烷，并记录质谱图。

五、数据处理

(1) 找出谱图中的分子离子峰和基峰。
(2) 确定相对强度大于 50%的离子峰的结构式，并解释其产生的过程。

六、思考题

(1) 与正构烷烃相比，支链烷烃和环烷烃的质谱分别有什么特点？
(2) 离子强度的影响因素有哪些？

实验二十四　1-庚烯的质谱分析

一、实验内容与要求

掌握直链烯烃质谱的主要特点，说明各碎片离子峰的来源。

二、基本原理

烯烃的质谱有下列特征：

(1) 烯烃易失去一个 π 电子，其分子离子峰明显，峰强度随分子量增大而减弱。

(2) 烯烃质谱中最强峰(基峰)是双键的 C_α—C_β 键断裂产生的峰(烯丙基型裂解)。带有双键的碎片带正电荷：

$$H_2C^{+\cdot}\!\!-\!CH\!-\!\overset{H_2}{C}\!\!\overset{\curvearrowright}{}\!\!-\!R' \longrightarrow H_2C\!\!-\!\!\overset{+}{\underset{H}{C}}\!\!=\!\!CH_2 + \dot{R}' \qquad (5\text{-}4)$$
$$m/z\ 41$$

由于烯丙基型裂解，出现 m/z 41、55、69、83 等 $C_nH_{2n-1}^+$ 系列的离子峰。这些峰比相应烷烃碎片峰主系列少两个质量单位。

丁烯的质谱数据如表 5-3 所示。

表 5-3　丁烯的质谱数据

m/z	15	20*	26	28	37.5*	41	52	56
相对强度/%	22	0.1	8	27	0.1	100	1	39

* 表示双电荷峰。

(3) 烯烃易发生麦氏(McLafferty)重排裂解，产生 C_nH_{2n} 离子。

$$ \qquad (5\text{-}5)$$

(4) 由质谱碎片峰并不能确定烯烃异构体分子中双键的位置。因为在裂解过程中往往发生双键位移，而且顺式和反式异构体通常有十分相似的质谱图。

本实验通过对 1-庚烯进行质谱分析，熟悉直链端烯的质谱特点，掌握直链端烯的裂解规律。

三、仪器和试剂

(1) 仪器：质谱仪(电子轰击离子源)。

(2) 试剂：1-庚烯。

四、实验步骤

(1) 电子轰击离子源为 70 eV，离子源温度为 200℃，线性扫描的质量范围为 20～200 amu。

(2) 待真空度达到要求且仪器稳定后，进样 1 μL 1-庚烯，并记录质谱图。

五、数据处理

(1) 找出质谱图中的分子离子峰和基峰。

(2) 分析质谱图中的峰簇，解释其产生的过程。

六、思考题

正构烷烃和直链烯烃在质谱图中峰簇的区别是什么？

实验二十五　溴丁烷的质谱分析

一、实验内容与要求

了解溴代烷烃质谱的主要特点，以及碎片离子峰的来源。

二、基本原理

卤化物的质谱有下列特征：

(1) 脂肪族卤化物的分子离子峰不明显，芳香族卤化物的分子离子峰明显。

(2) 氯化物和溴化物的同位素峰是特征的。含一个 Cl 的化合物有强的 M+2 峰，其强度相当于 M 峰的 1/3。含一个 Br 的化合物有与 M 峰强度近似相等的 M+2 峰。含有多个 Cl 或多个 Br 或同时含 Cl 和 Br 的化合物，质谱中出现明显的 M+2、M+4，还有可能有 M+6 等峰。因此，由同位素峰 M+2、M+4、M+6 等可估计试样中卤素原子的数目，如表 5-4 所示。氟化物和碘化物因无天然重同位素而没有相应的同位素峰。

表 5-4　氯化物和溴化物同位素峰的相对强度与卤素原子数目*

卤素原子	(M+2)/%	(M+4)/%	(M+6)/%	(M+8)/%	(M+10)/%	(M+12)/%
Br	97.7	—				
Br₂	195.0	95.5	—	—	—	—
Br₃	293.0	286.0	93.4	—	—	—
Cl	32.6	—				
Cl₂	65.3	10.6				
Cl₃	99.8	31.9	3.47	—	—	—
Cl₄	131.0	63.9	14.0	1.15	—	—
Cl₅	163.0	106.0	34.7	5.66	0.37	—
Cl₆	196.0	161.0	69.4	17.0	2.23	0.11
BrCl	130.0	31.9				
Br₂Cl	228.0	159.0	31.2	—	—	—
Cl₂Br	163.0	74.4	10.4	—	—	—

* 相对强度是指与 M 峰相比，以 M 峰强度为 100%。

(3) 卤化物质谱中通常有明显的 X、M–X、M–HX、M–H$_2$X 和 M–R 峰。

$$\underset{M}{R \frown X} \xrightarrow{异裂} R^+ + \dot{X} \qquad\qquad (5\text{-}6)$$
$$\hspace{4.5cm} M\text{-}X$$

$$\underset{M}{R \frown X} \xrightarrow{均裂} R^\bullet + \overset{+}{X} \qquad\qquad (5\text{-}7)$$
$$\hspace{4.5cm} M\text{-}R$$

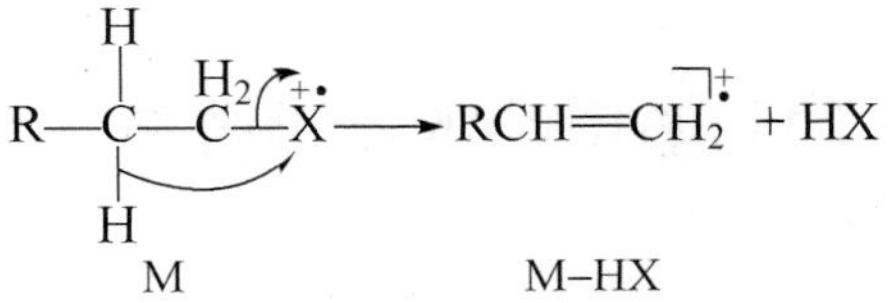

$$R{-}\overset{H}{\underset{H}{C}}{-}\overset{H_2}{C}{-}\overset{+\cdot}{X} \longrightarrow RCH{=}CH_2^{+\cdot} + HX \quad (当X{=}F或Cl，强峰) \tag{5-8}$$

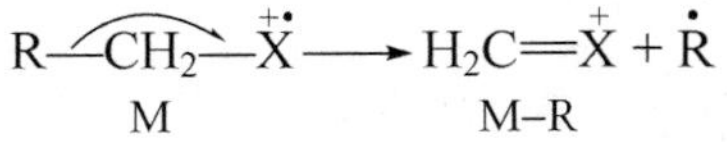

M   M–HX

$$R{-}CH_2{-}\overset{+\cdot}{X} \longrightarrow H_2C{=}\overset{+}{X} + \dot{R} \quad (\alpha\text{-碳上大的}R先失去) \tag{5-9}$$

M   M–R

(氟化物与碘化物及支链卤化物不易形成此类杂环离子)

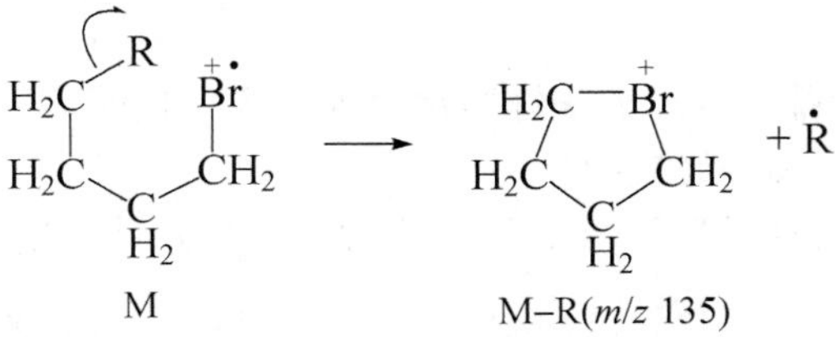

$$\tag{5-10}$$

M   M–R(m/z 135)

  本实验通过对溴丁烷进行质谱分析，熟悉卤化物的质谱特点，掌握溴化物碎片峰的特点及其产生的规律。

三、仪器和试剂

  (1) 仪器：质谱仪(电子轰击离子源)。

  (2) 试剂：溴丁烷。

四、实验步骤

  (1) 电子轰击离子源为 70 eV，离子源温度为 200℃，线性扫描的质量范围为 20～200 amu。

  (2) 待真空度达到要求且仪器稳定后，进样 1 μL 溴丁烷，并记录质谱图。

五、数据处理

  (1) 找出质谱图中的分子离子峰和基峰。

  (2) 根据溴丁烷的结构式解释各主要峰。

六、思考题

  比较正构烷烃与卤代烃质谱图的特点。

实验二十六　硬脂酸甲酯的质谱分析

一、实验内容与要求

了解脂肪羧酸酯的质谱特点，以及碎片离子峰的来源。

二、基本原理

(1) 直链一元羧酸酯的分子离子峰通常可观察到，且随分子量的增大(碳数>6)而增大。芳香羧酸酯的分子离子峰较明显。

(2) 羧酸酯的强峰(有时为基峰)，通常来源于下列两种类型的 α 裂解或 i 裂解：

$$R^+ \quad 或 \quad C \overset{O^+}{\underset{OR'}{\equiv}} \tag{5-11}$$

$$m/z\ 15(15+14n) \quad\quad m/z\ 45(45+14n)$$
$$M-45(M-45+14n) \quad\quad M-15(M-15+14n)$$

$$OR'^+ \quad 或 \quad R-C\equiv O^+ \tag{5-12}$$

$$m/z\ 17(17+14n) \quad\quad m/z\ 43(43+14n)$$
$$M-43(M-43+14n) \quad\quad M-17(M-17+14n)$$

(3) 由于麦氏重排，甲酯可形成 m/z 74 的基峰，乙酯可形成 m/z 88 的基峰。若 α-碳上有烃基取代，则将形成 74、88、102、116 等同系列峰。

$$\tag{5-13}$$

(4) 羧酸酯也可以发生双氢重排裂解，产生质子化的羧酸离子碎片峰：

$$\tag{5-14}$$

图 5-5 为丙酸乙酯的质谱图。

本实验通过对硬脂酸甲酯进行质谱分析，熟悉脂肪酸酯的质谱特点，掌握其碎片峰的特点及其产生的规律。

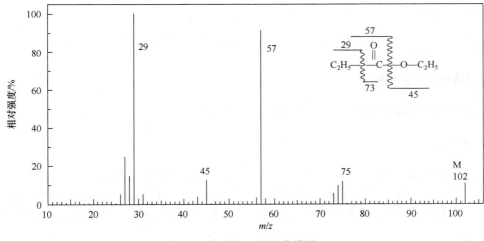

图 5-5 丙酸乙酯的质谱图

三、仪器和试剂

(1) 仪器：质谱仪(电子轰击离子源)。

(2) 试剂：硬脂酸甲酯。

四、实验步骤

(1) 电子轰击离子源为 70 eV，离子源温度为 200℃，线性扫描的质量范围为 20～400 amu。

(2) 待真空度达到要求且仪器稳定后，进样 2～4 μg 硬脂酸甲酯，并记录质谱图。

五、数据处理

(1) 找出质谱图中的分子离子峰和基峰。

(2) 根据硬脂酸甲酯的结构式解释各主要峰。

六、思考题

找出通式为 $CH_3OCO(CH_2)^+$ 系列碎片离子的 m/z 数值，将其与正构烷烃裂解后的碎片离子的通式和相对强度变化规律进行比较，指出不同点。

实验二十七　正己胺的质谱分析

一、实验内容与要求

了解脂肪胺的质谱特点，以及碎片离子峰的来源。

二、基本原理

伯胺的质谱与醇的质谱有某些相似，仲胺的质谱与醚的质谱有些相似。

(1) 脂肪开链胺的分子离子峰很弱，或者消失。脂环胺及芳胺的分子离子峰较明显。含奇数 N 原子的胺其分子离子峰质量为奇数。低级脂肪胺、芳香胺可能出现 M-1 峰(失去·H)。

(2) 胺的最重要的峰是 α 裂解(C_α—C_β 断裂)得到的峰。在大多数情况下，这种裂解离子往往是基峰。

$$R\!-\!\overset{|}{\underset{|}{C}}\!-\!\overset{+\cdot}{N}\diagup \longrightarrow \quad R^\cdot \; + \; \diagup C\!=\!\overset{+}{N}\diagup \tag{5-15}$$

$$m/z\ 30, 44, 58, 72, 68 等$$

α-碳无取代的伯胺 $R\!-\!CH_2NH_2$ 可形成 $m/z\ 30$ 的强峰($CH_2\!=\!N^+H_2$)。这一峰可作为分子中有伯胺基存在的佐证，不能作为确证。因为有时仲胺及叔胺由于二次裂解和氢原子重排也能形成 $m/z\ 30$ 的峰，不过强度较弱。

$$R\!-\!CH_2\overset{+\cdot}{N}H\!-\!\overset{H_2}{\underset{}{C}}\!-\!CH_3 \longrightarrow R^\cdot \; + \; CH_2\!=\!\overset{+}{N}H\!-\!CH_2\!-\!CH_2\overset{H}{\frown}$$

$$\downarrow$$

$$H_2C\!=\!\overset{+}{N}H_2 \; + \; H_2C\!=\!CH_2 \tag{5-16}$$

$$m/z\ 30$$

(3) 脂肪胺和芳香胺可能发生 N 原子的双侧 α 裂解：

$$\underset{H_2C\!-\!CH_2}{\overset{H_2C\diagup\overset{\overset{\textstyle CH_3}{|+}}{N}\diagdown CH_2}{}}\xrightarrow{-C_2H_4} \underset{H_2\dot{C}}{\overset{CH_3}{\underset{}{\overset{|+}{N}}}}\diagdown CH_2 \xrightarrow{-\dot{C}H_3} H_2C\!=\!\overset{+}{N}\!=\!CH_2 \tag{5-17}$$

(4) 胺类极为特征的峰是 $m/z\ 18(^+NH_4)$峰。醇类也有 $m/z\ 18(H_2O^+)$峰，但两者不难区别。在胺类中 $m/z\ 18$ 与 $17(^+NH_3)$峰的比值远大于醇类的比值。

(5) 与含氧化合物如醇、醛等相似，胺类也产生 $m/z\ 31$、45、59 等重排峰。

图 5-6 为 N-甲基异丙基正丁胺的质谱图。

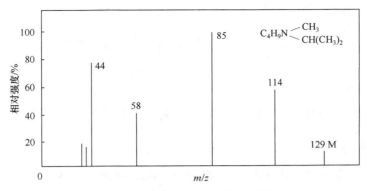

图 5-6 *N*-甲基异丙基正丁胺的质谱图

本实验通过正己胺的质谱分析，熟悉脂肪伯胺的质谱特点，掌握其碎片峰的特点及其产生的规律。

三、仪器和试剂

(1) 仪器：质谱仪(电子轰击离子源)。

(2) 试剂：正己胺。

四、实验步骤

(1) 电子轰击离子源为 70 eV，离子源温度为 200℃，线性扫描的质量范围为 20～200 amu。

(2) 待真空度达到要求且仪器稳定后，进样 1 μL 正己胺，并记录质谱图。

五、数据处理

(1) 找出质谱图中的分子离子峰和基峰。

(2) 根据正己胺的结构式解释各主要峰。

六、思考题

与正己胺的质谱图相比，环己胺的质谱图存在哪些区别？

实验二十八　环己烯的质谱分析

一、实验内容与要求

了解环烯烃的质谱特点，以及碎片离子峰的来源。

二、基本原理

环己烯类可发生逆向第尔斯-阿尔德(Diels-Alder)裂解：

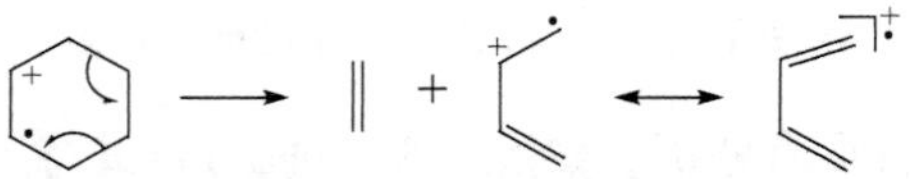

$$（图） \tag{5-18}$$

本实验通过环己烯的质谱分析，熟悉环状烯烃的质谱特点，了解其与链状烯烃的区别。

三、仪器和试剂

(1) 仪器：质谱仪(电子轰击离子源)。

(2) 试剂：环己烯。

四、实验步骤

(1) 电子轰击离子源为 70 eV，离子源温度为 200℃，线性扫描的质量范围为 20～200 amu。

(2) 待真空度达到要求且仪器稳定后，进样 1 μL 环己烯，并记录质谱图。

五、数据处理

(1) 找出质谱图中的分子离子峰和基峰。

(2) 根据环己烯的结构式解释各主要峰。

六、思考题

比较环己烯和直链烯烃的质谱特点。

实验二十九　GC-MS 联用技术在混合物组分确定中的应用

一、实验内容与要求

(1) 了解 GC-MS 的工作原理及分析条件。

(2) 学习使用 GC-MS 分离鉴定有机混合物的组成。

二、基本原理

GC-MS 联用仪是由气相色谱仪、质谱仪、计算机和 GC 与 MS 之间的连接装置接口组成。气相色谱仪的功能是将多组分混合物分离成单组分，目前多采用毛细管柱气相色谱仪。质谱仪作为气相色谱仪的鉴定器，计算机进行数据的采集、处理和操作、控制仪器。

GC-MS 联用技术要想实现，需要解决两个问题：一是 GC 工作条件和 MS 的真空操作条件相匹配的问题；二是速度问题，要求在色谱各个峰的出峰时间内完成质谱鉴定。前者用接口来解决，后者用快速扫描来解决。理想的接口应能除去全部载气而使试样无损耗地从气相色谱仪传送给质谱仪。GC-MS 的接口有一般性接口和特殊性接口两大类。特殊性接口除要做到 GC 和 MS 的工作气压和流量匹配、试样传输产率高、浓缩系数大、延时短、色谱的峰形扩展小外，还要满足特种色谱仪(或特种质谱仪)的要求。一般性接口可分为三类：直接导入型、分流型和浓缩型，目前最常见的接口是毛细管柱直接导入接口、开口分流接口和喷射式浓缩接口。

GC-MS 目前已广泛地用于环境分析(如污水分析、大气中挥发性有机物分析、农药残留物分析等)、法医毒品和兴奋剂检测、石油化工分析、食品分析(如食品中农药残留物、苯并芘、亚硝胺、黄曲霉素的检测)、香料成分分析等方面，也可用于食品中营养物质和中草药有效成分分析及有机化合物的鉴定。GC-MS 最大的优点是可用于混合物的快速分离和鉴定。

本实验通过苯乙酮、α-苯乙醇的 GC-MS 分析，熟悉 GC-MS 分析方法的特点及适用范围。

三、仪器和试剂

(1) 仪器：GC-MS 联用仪，容量瓶(50 mL)，微量注射器(100 μL)，气相色谱进样针(10 μL)。

(2) 试剂：苯乙酮，α-苯乙醇，甲醇。

四、实验步骤

(1) 开启 GC-MS 联用仪，抽真空，设置实验条件。

(2) GC 色谱柱：Rtx-5 MS 30 m × 0.25 mm × 0.25 μm 毛细管柱；流动相：氮气；流速：1 mL/min；温度：进样口温度 150℃，柱初始温度 50℃，保持 2 min，梯度升温

到 80℃，升温速率 5℃/min，最后在 80℃保持 10 min。

(3) MS 发射电流 150 μA，离子源温度 200℃，电离方式 EI，电子能量 70 eV，扫描范围 50～300 amu，接口温度 200℃。

(4) 将苯乙酮和 α-苯乙醇的混合液取 10 μL，用甲醇稀释至 25 mL。用气相色谱进样针取 1 μL 样品进样分析，并记录色谱图。

五、数据处理

(1) 记录实验条件，标记样品出峰时间及相应的质谱图。

(2) 根据质谱图分析混合样品中的成分。

六、思考题

GC-MS 有什么优缺点？

实验三十 HPLC-MS 联用技术在混合物组分确定中的应用

一、实验内容与要求

(1) 了解 HPLC-MS 的特点和应用。

(2) 学习 HPLC-MS 谱图的分析和数据处理方法。

二、基本原理

许多有机化合物,尤其是生物大分子(如蛋白质等)具有高极性、热不稳定性、高分子量和低挥发度等特性,很多化合物需要用高效液相色谱(HPLC)分离。因此,HPLC 和 MS 的联用在有机混合物分析、药物及生物大分子分析中的重要性是显而易见的。HPLC-MS 联用技术已成为生命科学、医药学、环境科学和农业科学、化学化工领域中最重要的工具之一。

HPLC-MS 联用仪一般由高效液相色谱仪、质谱仪、计算机和 HPLC 与 MS 之间的连接装置接口组成。HPLC 的功能是将多组分混合物分离成单组分。质谱仪作为 HPLC 的鉴定器使用。计算机用于操作和控制仪器以及数据的存储和处理。

HPLC 与 MS 联用的关键在于接口问题。与 GC-MS 相比,HPLC-MS 的衔接更为复杂。首先是高效液相色谱体系的高压与质谱高真空的矛盾。其次是如何除去液相色谱的流动相不使它进入离子源的问题。为解决这两个问题,前后至少提出了 27 种以上的接口,但到目前为止能够商品化或在一定程度上使用的只有热喷雾(TS)、离子束(PB)、连续流动快速原子轰击(CFFAB)、大气压化学电离(APCI)和电喷雾电离(ESI)。值得注意的是,目前几种最流行的 HPLC-MS 技术中,接口同时兼有使分析物电离的功能。因此,在 HPLC-MS 中,"接口"的含义不仅是 HPLC 与 MS 的连接,还常用于表示一种 HPLC-MS 技术,或与此对应的整套设备。

电喷雾电离(ESI)既是 HPLC-MS 的接口,又可作为质谱的电离源,是一种软电离源,有人形容它是迄今所用最柔和的电离方法。

ESI 的研制成功在质谱领域和 HPLC-MS 发展上是革命性的突破。由于 ESI 产生的多电荷离子对某些极性化合物电离的高效率(对蛋白质接近 100%)及软电离等特性,质谱在分析极性化合物(包括溶液中的离子)、易热分解和高分子量化合物方面成为最有效的工具之一。ESI-MS 谱图主要给出与准分子离子有关的信息,如$[M+H]^+$、$[M+Na]^+$、$[M+nH]^{n+}$、$[M-H]^+$等。

本实验通过对邻苯二甲酸酯混合物的 HPLC-MS 分析,熟悉 HPLC-MS 技术的特点及适用范围。

三、仪器和试剂

(1) 仪器:液质联用电喷雾四极杆飞行时间串联质谱仪(microTOF-Q),样品瓶

(10 mL)，微量注射器(100 μL)，液相色谱进样器(10 μL)。

(2) 试剂：邻苯二甲酸二乙酯(DEP)、邻苯二甲酸二丁酯(DBP)和邻苯二甲酸二(2-乙基)己酯(DEHP)的混合物，甲醇(色谱级)。

四、实验步骤

(1) 高效液相色谱柱，Inertsil ODS-35 μm 250 mm × 4.6 mm 色谱柱；紫外检测器(检测波长 228 nm)；柱温 35℃；梯度洗脱(A：90%甲醇-10%水；B：100%甲醇)；梯度方式(0～3.5 min，50% B；3.6～15 min，90% B；16～20 min，50% B)；洗脱速率 0.8 mL/min；进样量 20 μL。

(2) 离子源：电喷雾电离(ESI)；离子源接口电压：5.0 kV；雾化气流速：50 L/min；辅助气流速：50 L/min；离子源温度：500℃；气帘气压力：15.0 kPa。

(3) 取 10 μL 邻苯二甲酸二乙酯、邻苯二甲酸二丁酯和邻苯二甲酸二(2-乙基)己酯混合物溶于甲醇并定容至 25 mL。用液相色谱进样针取 20 μL 进样分析，并记录色谱图。

五、数据处理

(1) 记录实验条件，标记样品出峰时间及相应的质谱图。
(2) 根据质谱图分析混合样品中的成分。

六、思考题

(1) 试述 GC-MS 和 HPLC-MS 的适用范围及优缺点。
(2) 在 GC-MS 和 HPLC-MS 分析中，电离方式不同，质谱图中的离子峰有什么特点？

第六章 综 合 解 析

实验三十一 安息香及其衍生物的合成转化及谱图解析

一、实验内容与要求

(1) 苯甲醛经安息香缩合反应合成安息香, 安息香氧化制备二苯基乙二酮, 二苯基乙二酮发生重排制备二苯基乙醇酸。测定产物的 UV、IR 和 ^{1}H NMR, 找出结构差异特征。

(2) 通过实践了解波谱分析在有机合成方面的应用。

(3) 了解化合物结构改变对谱图产生的影响。

二、基本原理

安息香在化学、化工、医药等领域有广泛的用途。主要用于有机合成, 如用于制联苯甲酰等; 医药工业用于生产抗癫痫药苯妥英钠、抗胆碱药贝那替秦(胃复康)和奥芬溴铵(安胃灵); 用于染料生产及感光性树脂的光增感剂、照相凹版油墨、光固化型涂料; 用作分析试剂, 如用于荧光反应检验锌、作为测热法的标准。此外, 安息香还可作为生产聚酯的催化剂、生产润湿剂、乳化剂和防腐剂等。在碳负离子作用下, 两分子苯甲醛缩合生成二苯基羟乙酮, 即安息香。反应式如图 6-1 所示。

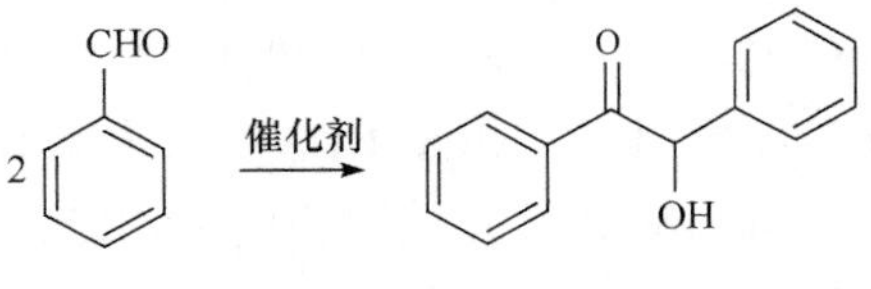

图 6-1 安息香的合成

安息香氧化可以得到二苯基乙二酮。二苯基乙二酮是有机合成的中间体, 可用作紫外线固化树脂(UV 树脂)的光敏剂, 是羧酸酯酶的选择性抑制剂, 也用作杀虫剂等。能使安息香氧化的试剂很多, 常用的氧化剂有硝酸、乙酸铜、硫酸铜、三氯化铁等。反应式如图 6-2 所示。

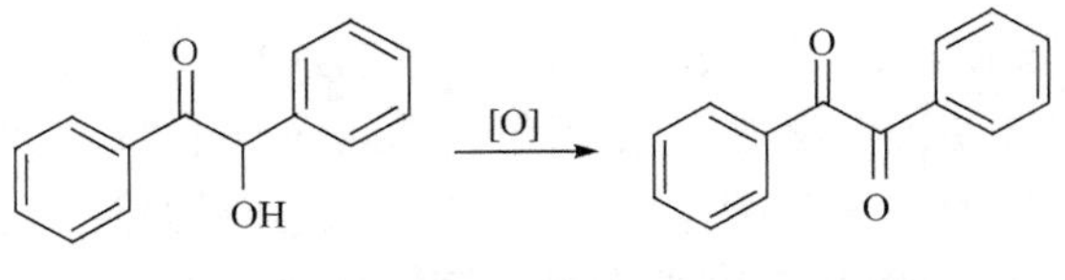

图 6-2 安息香氧化合成二苯基乙二酮

二苯基乙二酮是一个不能烯醇化的 α-二酮，当用碱处理时发生碳骨架重排，形成稳定的羧酸盐是反应的推动力，该盐经酸化后即可得到二苯基乙醇酸。这一重排反应普遍用于将芳香族 α-二酮转化为芳香族 α-羟基酸，某些脂肪族 α-二酮也可发生类似反应。二苯基乙醇酸常用作有机合成中间体、医药原料等，如生产泌尿系统及消化系统的止痛、解痉药。二苯基乙醇酸有多种合成路径，本实验是常用方法之一。反应式如图 6-3 所示。

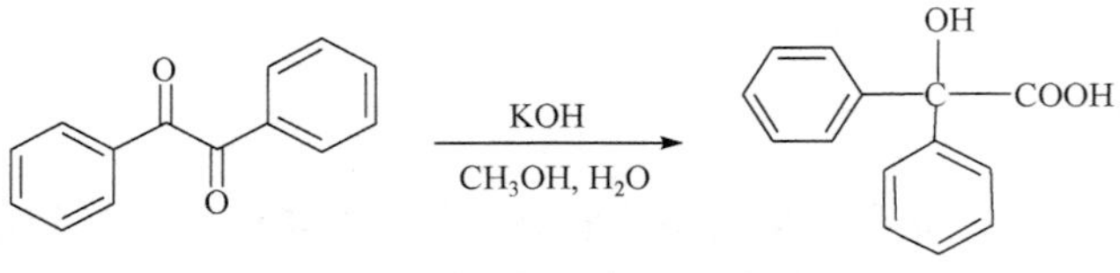

图 6-3　二苯基乙二酮重排为二苯基乙醇酸

实验中，安息香及其衍生物都有单取代苯环和羰基，其中安息香和二苯基乙二酮相比，只是安息香连接羟基的饱和碳部分转换成羰基；二苯基乙醇酸通过一个饱和碳连接羟基、羧基和两个苯环。这三个化合物分子中共轭体系、官能团及连接方式的变化都会造成波谱特征的差异，如紫外光谱的峰形和最大吸收峰值、红外光谱中官能团区和指纹区吸收的变化，而氢谱中单取代苯环上的质子也由于取代基的不同而出现差异。

本实验以苯甲醛为起始原料，经多步反应依次获得安息香、二苯基乙二酮和二苯基乙醇酸。通过测定不同阶段反应产物的谱图，熟悉波谱法在有机合成中的应用。

三、仪器和试剂

(1) 仪器：三用紫外分析仪，熔点仪，紫外-可见光谱仪，红外光谱仪，高效薄层层析硅胶板(7.5 cm×2.5 cm，GF$_{254}$)，超导核磁共振仪等。

(2) 试剂：苯甲醛(A.R.)，维生素 B$_1$(A.R.)，安息香(A.R.)，二苯基乙二酮(A.R.)，甲醇(A.R.)，乙醇(A.R.)，95%乙醇(A.R.)，二氯甲烷(A.R.)，3 mol/L 氢氧化钠(A.R.)，氢氧化钠(A.R.)，氢氧化钾(A.R.)，浓盐酸(37%，A.R.)，冰醋酸(A.R.)，浓硝酸(70%，A.R.)，蒸馏水，盐酸(5%，A.R.)，活性炭，氘代氯仿[D 99.9%，0.03%(体积分数) TMS]，氘代二甲基亚砜[D 99.9%，0.03%(体积分数) TMS]，溴化钾(S.P.)。

四、实验步骤

1. 安息香的合成

在 100 mL 装有温度计、回流冷凝管的三口烧瓶中加入磁子、3.5 g(0.01 mol)维生素 B$_1$ 和 7 mL 水，搅拌使维生素 B$_1$ 全部溶解，然后向其中加入 30 mL 95%乙醇，放入冰浴中，搅拌均匀。同时在试管中量取 3 mol/L 氢氧化钠溶液，也放在冰浴中冷却。在冰浴下，将此 3 mol/L 氢氧化钠溶液缓慢逐滴加到烧瓶中，溶液颜色逐渐变为黄色，约 5 min 加完。量取 20 mL(20.8 g，0.196 mol)新蒸苯甲醛，加入三口烧瓶中，调节溶液 pH 为 9～10，在 60～76℃水浴上加热，反应 15～20 min 后，再次调节溶液 pH，保持在 8～9，继续加热，反应 90 min。反应结束后，冷却即有白色或淡黄色晶体析出。冰水浴冷却促使结晶完全，抽滤。用约 100 mL 冷水分多次洗涤固体，干燥后称量。粗产物用 95%乙醇重结晶纯化，若颜色较深，需加入活性炭脱色。称量所得产物并计算产率，测定熔点。

2. 二苯基乙二酮的合成

在 100 mL 三口烧瓶上安装温度计、回流冷凝管，冷凝管上口接酸性气体吸收装置，另一口用真空塞塞紧。在三口烧瓶中加入磁子、6.0 g(0.028 mol)安息香、30 mL 冰醋酸及 15 mL 浓硝酸，开动磁力搅拌，混合均匀。将此反应混合物加热，保持液体温度为 85～95℃。此后每隔 15～20 min 用管口平整的长毛细管取反应混合液进行薄层色谱监测，并与安息香及二苯基乙二酮标准品对比，展开剂为二氯甲烷。在三用紫外分析仪下观察，并做好记录。当安息香全部(或接近全部)转化为二苯基乙二酮后，将反应液冷却。拆开装置，将反应液加入 120 mL 水和 120 g 冰的混合物中，此时有黄色的二苯基乙二酮结晶出现。抽滤，并用少量冷水洗涤，干燥后称量。粗产物用甲醇重结晶。称量所得产物并计算产率，测定熔点。

3. 二苯基乙醇酸的合成

在 50 mL 圆底烧瓶中加入 2.5 g(0.012 mol)二苯基乙二酮和 7.5 mL 95%乙醇，溶解。加入由 2.5 g 氢氧化钾配制的 5 mL 水溶液，混合均匀后，安装回流冷凝管，加热回流 15 min。将反应混合物转移至小烧杯中，在冰水浴中放置约 1 h，直至二苯基乙醇酸钾盐的结晶析出完全。抽滤，用少量冷乙醇洗涤。将滤出的钾盐用水溶解，滴加 2 滴浓盐酸，少量未反应的二苯基乙二酮将会呈胶体悬浮物，加入活性炭搅拌，通过折叠滤纸过滤除去杂质。滤液冷却后加浓盐酸酸化使溶液 pH 为 2～3。二苯基乙醇酸结晶大量析出，用冰水浴冷却使其析出完全。抽滤，用冷水充分洗涤，干燥，称量，测定熔点，计算产率。如欲进一步纯化，可用水作溶剂重结晶。

4. 所有产物的紫外-可见光谱、红外光谱和核磁共振氢谱的测定

分别配制三个产物的乙醇溶液，测定紫外-可见光谱；采用 KBr 压片法，分别测定三个产物的红外光谱；分别配制三个产物的氘代氯仿或氘代二甲基亚砜溶液，测定核磁共振氢谱。

五、谱图解析说明

紫外-可见光谱：三个产物结构中都有两个单取代苯环，但安息香和二苯基乙醇酸中的两个苯环之间都夹有饱和碳原子，而二苯基乙二酮结构中的两个苯环通过两个羰基连接在一起，将所有原子纳入一个大的共轭体系中，共轭跃迁需要的能量最低。三

个产物的外观颜色对比也说明了二苯基乙二酮的紫外-可见吸收波长比另外两个化合物长。安息香的两个共轭体系分别为单取代苯基团和苯甲酰基，二苯基乙醇酸是孤立的两个苯环，因此二苯基乙醇酸的紫外-可见最大吸收波长是所有产品中最小的。

红外光谱：所有产物结构中都有单取代苯环和羰基，苯环与羰基之间的连接关系对二者在红外光谱中的谱峰都有影响，共轭造成苯环约 $1600\ cm^{-1}$ 骨架振动峰裂分，同时羰基的伸缩振动吸收向低波数移动；采用压片法测定酮羰基与羧基的碳氧双键伸缩振动差别会缩小，但这三者中只有二苯基乙醇酸的羧基与饱和碳相连，综合结果羰基的伸缩振动吸收数值依然最大。

核磁共振氢谱：三个产物的核磁共振氢谱中除了苯环，二苯基乙二酮没有其他的氢，二苯基乙醇酸有羧基和羟基的两个活泼氢，安息香有羟基和次甲基氢，这些氢的辨识度非常高，但苯环的 10H 归属不太容易。为了将苯环质子解析清楚，需要从取代基着手，考虑羰基和饱和碳对苯环氢的影响。如果仔细区分各峰组的化学位移，同时注意区分峰形和耦合裂分情况，每个质子是可以一一解析的。与羰基相连的苯环质子由于受到羰基共轭的影响，化学位移比与饱和碳相连的苯环化学位移大，并且苯环上的氢按照邻位、对位和间位依次向高场排列；与饱和碳相连的苯环氢的化学位移相差不大，分组不是很明晰，苯环氢的裂分更复杂，会形成谱峰重叠。

产物干燥不彻底对红外光谱和核磁共振氢谱的测定影响很大。

六、思考题

(1) 试从产物结构特征解释为什么二苯乙二酮是黄色而另外两个产物都是白色。

(2) 对比并解释安息香及其衍生物的核磁共振氢谱中苯环氢的谱峰差异。

(3) 对测定的谱图主要吸收峰进行归属。

(4) 如何应用核磁共振氢谱鉴别活泼氢?

实验三十二　羟醛缩合反应的判断

一、实验内容与要求

(1) 苯甲醛与丙酮在不同投料比情况下发生羟醛缩合反应合成苄叉丙酮及二苄叉丙酮，^{1}H NMR 测定生成物中组分情况，并进行产物的结构表征。

(2) 学习利用羟醛缩合反应增长碳链的原理和方法，了解反应物的投料比对本反应产物的影响。

(3) 通过实践熟悉波谱分析在有机合成方面的应用。

(4) 掌握粗产物中组分的分析判断以及主产物的结构表征。

二、基本原理

羟醛缩合反应是有机合成化学中增长碳链的重要方法之一，是有 α-H 的醛或酮在碱或酸的催化下与另一分子醛或酮缩合，生成 β-羟基醛或 β-羟基酮的反应。β-羟基醛(酮)很容易失水，有的在反应时就失水，有的在强碱或强酸作用下失水，有的经加热失水，都可得到 α,β-不饱和醛(酮)。羟醛缩合分为自身羟醛缩合和交叉羟醛缩合，自身羟醛缩合反应可高产率得到单一化合物。如果使用两种不同的含有 α-H 的醛(酮)进行缩合即为交叉羟醛缩合反应，将得到四种缩合产物的混合物，分离纯化困难，无应用价值。但若只选择其中的一种反应物有 α-H，另一种无 α-H，进行交叉羟醛缩合反应，则得到一种主要缩合产物，往往可以用来合成特殊结构的醛酮类化合物，这种交叉羟醛缩合反应称为克莱森-施密特(Claisen-Schmidt)反应。

苯甲醛与丙酮的交叉羟醛缩合反应就是一个成功的例子。苯甲醛无 α-H，不能转化为烯醇化物，可以和丙酮产生的烯醇负离子发生反应，改变反应物的投料比可以控制主要产物的生成。投料比不同，丙酮将使用一个或两个甲基参与反应，得到苄叉丙酮或二苄叉丙酮。反应式如图 6-4 所示。

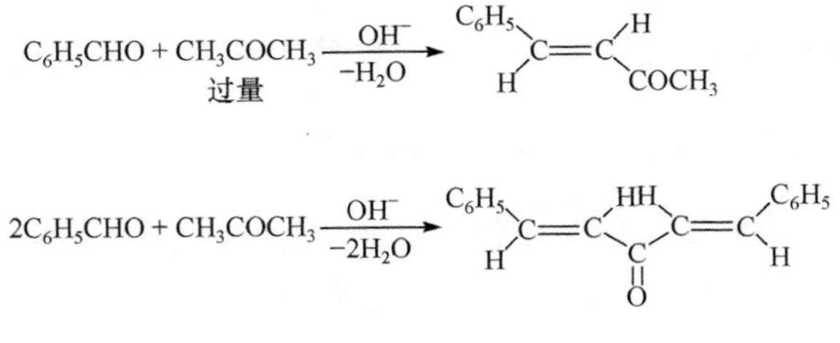

图 6-4　苯甲醛与丙酮的交叉羟醛缩合反应

本实验通过测定相同原料不同投料比羟醛缩合反应粗产物的 ^{1}H NMR 和产物的 IR、^{1}H NMR、^{13}C NMR 及 MS 谱，熟悉波谱法在有机合成方面的应用。

三、仪器和试剂

(1) 仪器：熔点仪，红外光谱仪，超导核磁共振仪，质谱仪等。

(2) 试剂：苯甲醛(A.R.)，丙酮(A.R.)，95%乙醇(A.R.)，10%氢氧化钠(A.R.)，1 mol/L盐酸(A.R.)，石蕊试纸，氘代氯仿[D 99.9%，0.03%(体积分数) TMS]，溴化钾(S.P.)，蒸馏水，二氯甲烷，饱和食盐水，无水硫酸镁。

四、实验步骤

1. 苄叉丙酮的合成

在 50 mL 三口烧瓶中加入 2.1 mL(2.1 g，0.02 mol)新蒸苯甲醛、4.5 mL(3.5 g，0.06 mmol)丙酮和 4.0 mL 蒸馏水，开启搅拌。控制反应温度 25～30℃，缓慢滴加 2.0 mL 10%氢氧化钠溶液，15～30 min 加完，继续搅拌反应 0.5～1 h。反应结束后，加入 1 mol/L 盐酸酸化至混合物对石蕊试纸呈酸性反应。转入分液漏斗，静置，分出有机相，水层用二氯甲烷萃取(10 mL×3)。合并有机相，用饱和食盐水洗涤至中性。无水硫酸镁干燥，过滤，蒸除溶剂。减压蒸馏，收集产物，沸点 120～130℃/0.93 kPa(7 mmHg)，140℃/2.13 kPa(16 mmHg)，148～160℃/3.3 kPa(25 mmHg)。产物冷却后固化，称量，计算产率，测定熔点。

2. 二苄叉丙酮的合成

在 100 mL 三口烧瓶中依次加入 20 mL 10%氢氧化钠及 20 mL 95%乙醇，控制温度在 20～25℃，在激烈搅拌下逐滴加入 2.1 mL(2.1 g，0.02 mol)新蒸苯甲醛和 0.70 mL (0.01 mol)丙酮的混合液，约 15 min 加完，始终维持反应温度在 20～25℃，继续搅拌反应 0.5～1 h，至沉淀完全析出。然后用冰水浴冷却使结晶析出完全，抽滤，用水洗涤至漏斗下端流出的洗液为中性，尽量抽干残余液体。将产品转移至表面皿上，干燥。用 95%乙醇重结晶得到白色产物结晶。称量，计算产率，测定熔点。

3. 粗产物的核磁共振氢谱测定

分别配制两个粗产物的氘代氯仿溶液，测定核磁共振氢谱，分析反应情况。

4. 产物的红外光谱、核磁共振氢谱、核磁共振碳谱及质谱测定

采用 KBr 压片法分别测定两个产物的红外光谱。分别配制两个产物的氘代氯仿溶液，测定核磁共振氢谱、核磁共振碳谱。由直接探头进样，测定电子轰击源质谱。

五、谱图解析说明

苯甲醛与丙酮发生交叉羟醛缩合反应脱水形成 α,β-不饱和酮，碳碳双键上的顺反情况可以根据氢谱中双键质子耦合常数大小来确定。两个产物中除了一个含有甲基外，其余质子全部处于 sp^2 杂化碳上，出峰范围比较集中。可根据取代基影响、耦合关系及

苯环对称性分析对质子进行归属。

　　两个化合物的共轭体系和分子对称性不同，这样的差异会对分子离子稳定性产生影响，在质谱上显示出分子离子峰的强度不同，并且在质谱裂解上也会有一定差异；同时羰基的共轭差异在红外光谱和核磁共振碳谱中都会表现明显，二苄叉丙酮的羰基伸缩振动频率降低，羰基的化学位移向高场移动。

六、思考题

(1) 为什么控制投料比即可控制苯甲醛和丙酮羟醛缩合反应的主产物？

(2) 比较两个产物的羰基在红外光谱和核磁共振碳谱中的特征峰。

(3) 如何区分烯烃的顺反异构体？

实验三十三　龙脑-樟脑-异龙脑的转换及谱图解析

一、实验内容与要求

(1) 龙脑氧化转变为樟脑,樟脑经升华提纯后用硼氢化钠还原成异龙脑。测定产物的 IR、^{1}H NMR 和 ^{13}C NMR 谱,对照三者的谱图找出结构差异特征。

(2) 通过实践了解波谱分析在观测化合物官能团、立体结构转化方面的应用。

(3) 了解化合物结构改变对谱图的影响。

二、基本原理

龙脑又称冰片,为常用中药,其商品有天然品和合成品。天然龙脑有右旋龙脑(D-龙脑)和左旋龙脑(L-龙脑)之分。其中,右旋龙脑是龙脑中的正品,多由龙脑香科植物中提取,又称为龙脑香、梅花脑、大梅片或梅片等;左旋龙脑多从菊科艾纳香属中提取,又称为艾脑或艾片等。合成品多以松节油为原料制备,称为合成龙脑、机制龙脑或机片。在合成的同时可产生副产物异龙脑及樟脑。放置过程中,龙脑会氧化产生樟脑,异龙脑也会氧化为樟脑。樟脑是一种较强毒性的物质,会导致一系列安全问题。龙脑和异龙脑互为异构体,异龙脑会异构化为龙脑(图 6-5)。

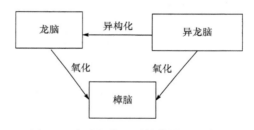

图 6-5　龙脑氧化、异构体转化示意图

天然樟脑是医药、日用品及国防工业中不可缺少的原料。天然樟脑纯度高、比旋度大,难以用合成樟脑完全代替。天然樟脑大多数为右旋体,左旋天然樟脑较为稀少。虽然有合成光学活性樟脑的报道,但目前生产的合成樟脑主要是消旋体。

龙脑、异龙脑和樟脑拥有相同的分子骨架,骨架上含有多个手性中心,有光学活性,在手性合成中具有重要的作用。

外消旋樟脑的还原产物是异龙脑和龙脑的四个立体异构体混合物:(+)-异龙脑、(−)-异龙脑、(+)-龙脑及(−)-龙脑。天然樟脑(右旋)同等条件下还原只得到(−)-异龙脑和(+)-龙脑(图 6-6)。

龙脑是仲醇,在氧化剂($Na_2Cr_2O_7$)作用下易氧化成酮(樟脑)。樟脑可用还原剂($NaBH_4$)还原为龙脑的异构体异龙脑。龙脑-樟脑-异龙脑的转化反应如图 6-7 所示。

这里还原反应涉及立体化学的问题,利用金属氢化物(如 $NaBH_4$)对羰基化合物的

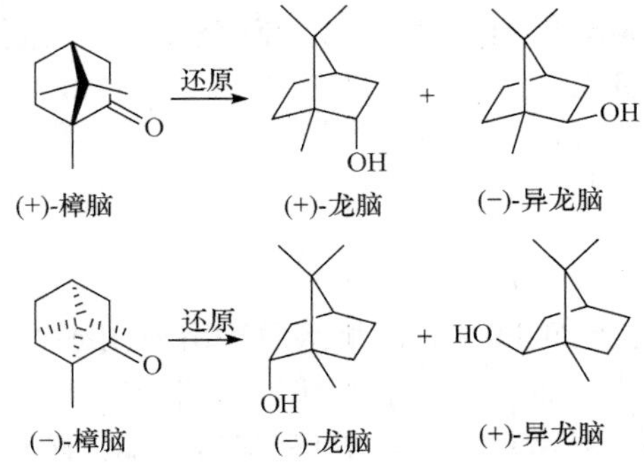

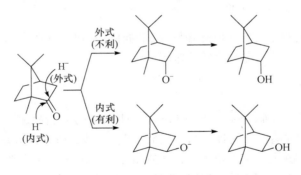

图 6-6 樟脑的还原

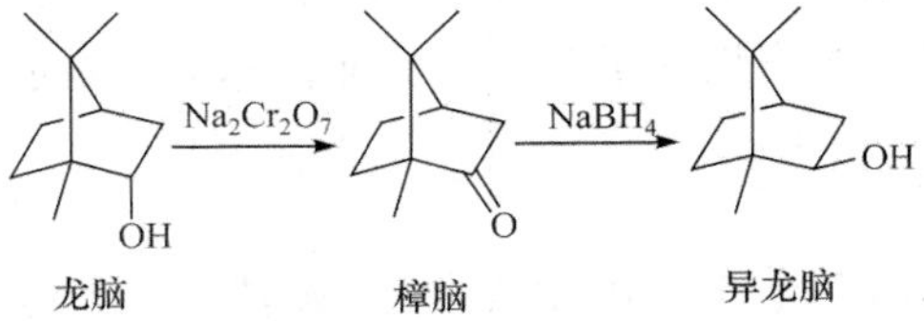

图 6-7 龙脑-樟脑-异龙脑的转化反应

还原是氢负离子(H⁻)对羰基的加成。根据樟脑分子的构象，氢负离子对羰基的加成方式以内式较为有利，外式加成则由于偕二甲基引起空间障碍而受到阻碍(图 6-8)。因此可以预料，最终产物以异龙脑为主要产物，但不是唯一的产物。

图 6-8 金属氢化物还原樟脑的立体化学

　　产物中异龙脑和龙脑的比例可以通过核磁共振氢谱加以测定。龙脑、异龙脑与樟脑结构上的差异可以通过红外光谱、核磁共振氢谱、核磁共振碳谱加以确定。

　　本实验通过龙脑-樟脑-异龙脑结构转化，对比结构与谱图，了解波谱分析在观测化合物官能团、立体结构转化方面的应用。

三、仪器和试剂

(1) 仪器：熔点仪，红外光谱仪，核磁共振仪等。

(2) 试剂：龙脑(A.R.)，二水合重铬酸钠(A.R.)，浓硫酸(A.R.)，乙醚(A.R.)，甲醇

(A.R.)，硼氢化钠(A.R.)，碳酸氢钠(A.R.)，无水硫酸镁(A.R.)，氘代氯仿[D 99.9%，0.03%(体积分数) TMS]，溴化钾(S.P.)。

四、实验步骤

1. 龙脑氧化成樟脑

取 1.0 g(6.5 mmol)龙脑加 4.0 mL 乙醚溶解，溶液用冰水冷却。另取 2.0 g 二水合重铬酸钠溶于 8.0 mL 水中，置于冰水浴冷却后滴加 1.6 mL 浓硫酸。取此溶液 6.0 mL 慢慢滴加入上述龙脑的乙醚溶液中，滴加过程保持冷却，随时振摇，滴加完成后继续振摇 5 min。将此反应液转移至分液漏斗中，分出的水层用乙醚萃取(10 mL×2)，合并有机相。有机相依次用 10 mL 饱和碳酸氢钠和 10 mL 水洗涤。用无水硫酸镁干燥后，蒸除溶剂乙醚，得到樟脑粗产物。用升华法提纯，称量，测定熔点。

2. 樟脑还原成异龙脑

取樟脑 0.5 g(3.3 mmol)溶于 5.0 mL 甲醇中，在搅拌下分次小心地加入 0.3 g(8.0 mmol)硼氢化钠，保持反应温度接近室温(必要时用冰水浴冷却)。将反应混合物加热并回流 10 min，然后趁热将反应混合物倒入约 15 g 碎冰中。冰融化后，抽滤，水洗，收集白色固体。尽量抽干水分，晾干。用升华法加热提纯得到异龙脑(含少量龙脑)，称量，测定熔点。

3. 龙脑、樟脑和异龙脑的红外光谱、核磁共振氢谱及核磁共振碳谱的测定

用 KBr 压片法测定龙脑、樟脑和异龙脑的红外光谱。分别配制三个物质的氘代氯仿溶液，测定核磁共振氢谱及核磁共振碳谱。

五、谱图解析说明

龙脑、樟脑和异龙脑都是易升华物质，使用 KBr 压片法测定红外光谱时，用量要多于常规量，同时操作要迅速，尤其在研磨时。如果有相应的红外光谱液体池，可以考虑采用溶液法测定。红外光谱中，龙脑和异龙脑由于分子中含有羟基，因此在约 3300 cm^{-1} 有很明显的强而宽的羟基吸收峰；樟脑结构中羟基氧化成了羰基，因此羟基峰消失，出现了约 1740 cm^{-1} 的羰基伸缩振动强峰。龙脑和异龙脑的红外光谱很难区分。

龙脑的三个甲基化学环境非常接近，但樟脑和异龙脑的三个甲基显示了三个单峰，这是羰基的各向异性和羟基相对位置不同造成的结果。龙脑和异龙脑羟基所连接碳上氢的化学位移有明显的差别，可以通过对还原产物核磁共振氢谱中相应谱峰积分面积的测定求得两者含量的比例。

由于碳谱分辨率远高于氢谱，三者的碳谱差异较大。

六、思考题

(1) 天然龙脑和合成龙脑有什么不同？

(2) 现代家庭为什么很少使用樟脑丸驱虫了？

(3) 分析龙脑、樟脑和异龙脑核磁共振氢谱中谱峰的耦合裂分情况。

(4) 比较龙脑和异龙脑的核磁共振氢谱及碳谱的区别。

实验三十四　聚苯乙烯的合成与分子量测定

一、实验内容与要求

(1) 由苯乙烯合成聚苯乙烯，测定产物的 IR、^{1}H NMR 谱。

(2) 了解聚合物的合成原理、制备方法和操作技术。

(3) 了解由核磁共振氢谱分析计算聚合物数均分子量的方法。

二、基本原理

聚合物的分子量和分子量分布都是高分子材料最基本、最重要的结构参数，聚合物的许多性能，如抗张强度、冲击强度、高弹性等力学性能及流变性能、溶液性质、加工性能等均与聚合物的分子量和分子量分布有密切关系。此外，在研究和论证聚合反应机理、老化和裂解过程、结构与性能关系等方面，分子量和分子量分布的数据通常是不可缺少的。无论在生产还是科学研究中，聚合物的分子量测定都是最基本的，也是具有重要实际意义的工作。

由于聚合物的分子量是多分散性的，因而分子量只具有统计的意义。用实验方法测定的分子量只是某种统计的平均值，即某种平均分子量。如果统计平均的方法不同，所得平均分子量的数值也可能不同。为了确切地描述聚合物的分子量，需给出平均分子量和分子量分布。平均分子量包括：按分子数统计平均得到的数均分子量(M_n)、按重量统计平均得到的重均分子量(M_w)、用溶液黏度法测定的黏均分子量(M_η)、按 Z 量统计平均得到的 Z 均分子量(M_z)等。

聚合物分子量的测定方法很多，除化学法(端基分析法)外，大多利用稀溶液的各种性质与分子量的定量关系来测定，包括热力学方法(蒸气压法、渗透压法、沸点升高和凝固点降低法等)、动力学法(黏度法、超速离心沉降法)、光学法(光散射法)等。此外，还有凝胶渗透色谱法、光谱法等。各种方法都有其适用范围。随着测试技术的发展，凝胶渗透色谱(gel permeation chromatography，GPC)、基质辅助激光解吸电离质谱(MALDI-MS)、电喷雾电离质谱(ESI-MS)等方法成为目前常用的聚合物分子量测定方法。同时，核磁共振氢谱在聚合物组成、结构和分子量测定方面的应用也越来越突出，它是一种可靠的更容易获得的工具，方法简便、快速、重现性好。在单体序列、反应率和聚合物微观结构的测定中应用广泛，在聚合物分子量测定方面的应用呈上升趋势。

核磁共振氢谱在分子量测定方面一个特别有用的特征是谱图中共振峰积分面积与被测样品分子之间的定量关系，即积分面积与所对应分子的摩尔浓度成正比。一个给定组分的质子共振峰积分面积(或强度)与样品中其所代表的组分的量成正比，也就意味着第 i 峰的积分面积(或强度)A_i 与样品中分子量为 M_i 的组分 i 的分子数目 N_i 成正比，即 A_i 正比于 N_iM_i。而 M_n 的测定就是将给定聚合物样品的总分子量除以其组成分子的总数。因此，可以得到如下公式计算数均分子量(M_n)：

$$M_{\mathrm{n}} = \frac{\sum A_i}{\sum (A_i / M_i)} = \frac{\sum A_i}{\sum N_i} \tag{6-1}$$

式中：A_i、N_i 和 M_i 分别为 i 组分的 ^{1}H NMR 共振峰积分面积(或强度)、分子数和分子量。

聚苯乙烯(polystyrene，PS)是由苯乙烯(styrene)单体经自由基加聚反应合成的聚合物，具有良好的结构性能及理化性质，应用非常广泛。本实验以二叔丁基过氧化物(di-tert-butyl peroxide，DTBP)为引发剂，以苯乙烯为单体，聚合制备聚苯乙烯。使用 DTBP，端基有九个等价质子，在氢谱中以明显的单峰在高场出现，便于分析计算聚苯乙烯中重复单元的数目 n 及聚苯乙烯的数均分子量。

苯乙烯的聚合反应以化学反应式表示，如图 6-9 所示。

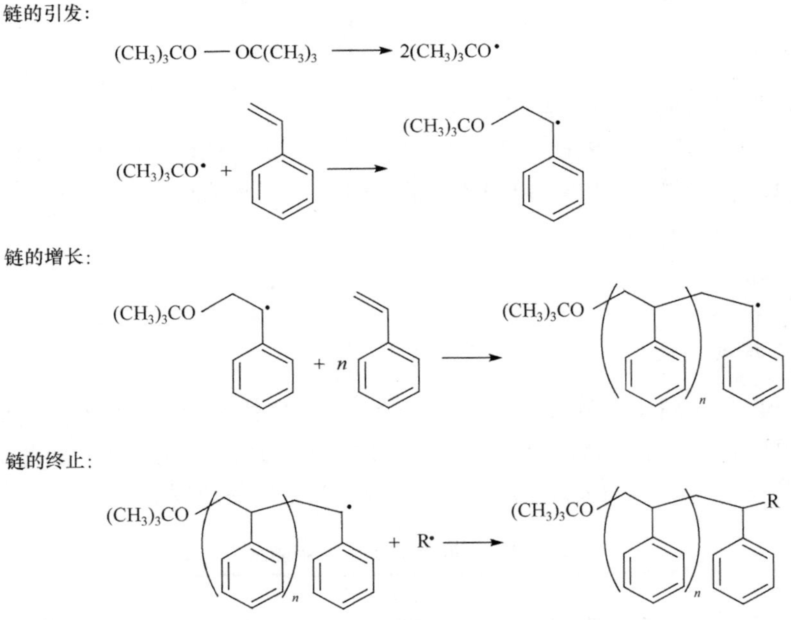

图 6-9 苯乙烯的聚合反应

自由基引发剂 DTBP 在加热情况下产生叔丁氧基自由基，这些自由基加到苯乙烯单体上，使苯乙烯的次甲基带上自由基，与苯乙烯单体继续反应，聚合物链增长，当遇到其他自由基、双基歧化反应或者其他因素(如链转移等)，都可终止聚合反应。产物聚苯乙烯的平均链长可以通过氢谱测定，由如下公式进行计算：

$$n_{\mathrm{PS}} = \frac{\displaystyle\sum_{i=1}^{m} \frac{I_i}{p_i}}{m \dfrac{I_{\mathrm{E}}}{p_{\mathrm{E}}}} \tag{6-2}$$

式中：I_i 和 p_i 分别为 PS 第 i 个吸收峰质子的积分值和质子数；m 为采用的 PS 吸收峰

的数目；I_E 和 p_E 分别为 PS 端基吸收峰质子的积分值和质子数。校正端基叔丁基吸收峰积分值为质子数，简化此式为

$$n_{PS} = \frac{\sum\limits_{i=1}^{m} \dfrac{I_i}{p_i}}{m} \tag{6-3}$$

n 一旦确定后，其数均分子量即为

$$M_n = nM_S \tag{6-4}$$

式中：M_S 为苯乙烯的分子量。

本实验由苯乙烯合成聚苯乙烯，通过测定原料和产物的 IR 和 ^{1}H NMR 谱，熟悉聚合反应前后原料与产物结构的变化对谱图的影响，并了解由核磁共振氢谱分析计算聚合物数均分子量的方法。

三、仪器和试剂

(1) 仪器：红外光谱仪，超导核磁共振仪等。

(2) 试剂：苯乙烯(A.R.)，硫酸钠(A.R.)，氢氧化钠(A.R.)，甲苯(A.R.)，二叔丁基过氧化物(A.R.)，蒸馏水，甲醇(A.R.)，溴化钾(S.P.)，二氯甲烷(A.R.)，氘代氯仿[D 99.9%，0.03% (体积分数) TMS]。

四、实验步骤

1. 苯乙烯的精制

在 50 mL 分液漏斗中装入 25 mL 苯乙烯。每次用约 5 mL 5%氢氧化钠水溶液洗涤数次至无色后，再用蒸馏水洗涤至水层显中性。加入适量的硫酸钠，静置干燥。干燥后减压蒸馏(表 6-1)，收集 60℃(5.33 kPa)馏分，测定样品纯度。

表 6-1　不同压力下苯乙烯的沸点

温度/℃	18	39.8	44.6	59.8	69.5	82.1	101.4
压力/kPa	0.67	1.33	2.67	5.33	8.00	13.3	26.7

苯乙烯为无色或略带浅黄色的透明液体，沸点 145.2℃，熔点 −30.6℃，n_D^{20} 1.5468，相对密度 0.9060(20℃)。

2. 聚苯乙烯的合成

在装有温度计、搅拌棒及回流冷凝管的 100 mL 三口烧瓶中加入 20.0 mL(18.1 g，0.17 mol)苯乙烯、20 mL 甲苯及 2.5 g(0.017 mol)二叔丁基过氧化物，搅拌，加热升温至回流温度。保持回流 1 h 后冷却至室温。快速搅拌，将反应物滴入 300 mL 甲醇中，使聚苯乙烯沉淀出来。抽滤，用少量甲醇洗涤，滤饼转移至已称量的表面皿上，在 60℃

真空干燥箱中干燥，称量，计算产率。

3. 聚苯乙烯红外光谱样品的制备及测定

样品通过热压成膜(厚度小于 0.03 mm)或在 KBr 盐片上涂膜测定聚苯乙烯的红外光谱。KBr 盐片涂膜法操作步骤：将约 50 mg 聚苯乙烯产品溶解在 1 mL 二氯甲烷中，将 1 滴溶液滴在 KBr 盐片上。等溶剂蒸发后，重复操作 5～6 次，直到形成均匀的厚度为 0.01～0.03 mm 的薄膜，用此 KBr 盐片测定红外光谱。

4. 聚苯乙烯核磁共振样品的制备及测定

由于核磁共振谱中聚合物的谱峰通常比较宽，配制样品时至少取 30 mg 样品测定核磁共振氢谱，以便于确定样品和处理端基吸收峰。如果端基峰测定不良，将使聚合物中重复单元数目和数均分子量计算出现较大偏差。

5. 苯乙烯红外光谱和核磁共振氢谱的测定

用液膜法测定苯乙烯的红外光谱。配制苯乙烯的氘代氯仿溶液，测定其核磁共振氢谱。

五、谱图解析说明

(1) 苯乙烯聚合后烯键消失，无论红外光谱还是核磁共振氢谱都会发生明显的变化。红外光谱中与烯键相关的约 1630 cm^{-1} 碳碳双键伸缩振动峰，以及约 990 cm^{-1}、910 cm^{-1} 碳氢键面外摇摆峰将消失；同样，核磁共振氢谱中约 5.3 和 5.7 的苯乙烯 β-氢标志峰消失，叔丁基将在约 1.2 出现明显的端基特征单峰。

(2) 二叔丁基过氧化物作为引发剂进入聚合物分子中，成为聚合物的第一个端基。第二个端基与具体的终止反应有关，体系中的自由基、溶剂、杂质等都有可能使反应终止，这些端基量太低无法测定。因此，通过氢谱计算分子量时只取一个叔丁基作为端基。计算结果可以与凝胶渗透色谱或质谱测定结果对比分析。端基在聚合物链中所占比例很低，特别是当分子量较大时。

(3) 产物中可能的杂质(如甲苯、苯乙烯、甲醇、水等)都会给谱图的测定带来干扰。

六、思考题

(1) 在聚合反应前，为什么苯乙烯还需要纯化精制？

(2) 比较苯乙烯和聚苯乙烯的红外光谱及核磁共振氢谱。

(3) 为什么测定聚苯乙烯产品的核磁共振氢谱时，仪器的调整及谱图的处理要求更高？

实验三十五 青蒿素的提取分离及结构表征

一、实验内容与要求

(1) 从中药材青蒿中提取、纯化、鉴定青蒿素，确定产品纯度和药材中青蒿素的含量。

(2) 了解提取、纯化、鉴定天然产物的方法。

(3) 掌握波谱分析在天然产物结构表征方面的应用。

(4) 了解复杂结构化合物的波谱综合解析方法。

二、基本原理

青蒿是菊科植物黄花蒿(*Artemisia annua* L.)干燥的地上部分，为我国传统中药。青蒿素(artemisinin)是我国科学工作者从中药材青蒿中提取、分离、鉴定的一种新型抗疟药，具有高效、速效和低毒的特点，可以有效降低疟疾患者的死亡率，是 20 世纪 90 年代创新药物之一。2015 年 10 月，屠呦呦因发现了青蒿素获得诺贝尔生理学或医学奖，成为首位获得科学类诺贝尔奖的中国人。

青蒿素为无色针状晶体，味苦，熔点 156~157℃，分子式 $C_{15}H_{22}O_5$，分子量 282.33218，是一种具有内过氧桥结构的倍半萜内酯类化合物(图 6-10)，文献中采用以下两种方式对原子进行编号。由于其特殊的过氧基团影响，青蒿素对热不稳定，150℃以上易分解。

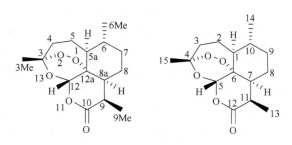

图 6-10 青蒿素的结构式

青蒿素的提取方法主要有传统有机溶剂提取法、超声波萃取法、微波辅助萃取法和超临界二氧化碳萃取法等。青蒿素不溶于水，易溶于氯仿、丙酮、乙酸乙酯和苯等多种有机溶剂，可溶于乙醇、乙醚、石油醚等。青蒿素在石油醚中的溶解度随温度变化较大，易溶于热石油醚，微溶于冷石油醚，且青蒿中其他成分溶出较少，因此选择石油醚作为溶剂进行热抽提效果较好。经浓缩放置即可析出青蒿素粗品，从而可将大部分杂质除去。采用重结晶或柱层析进一步纯化，通过薄层色谱或熔点测定等方法检测纯度，应用红外光谱、核磁共振谱及质谱进行结构表征。青蒿素主要分布于黄花蒿叶中，各地黄花蒿中青蒿素的含量受产地、采集时间影响很大；同时，青蒿素的含量会随存放时间延长而下降，最好现买(采)现用。

本实验分三个阶段完成，其提取、分离和鉴定流程如图6-11所示。

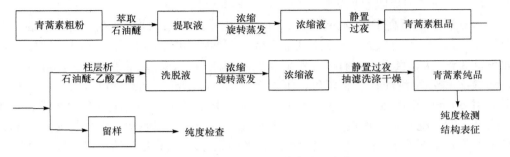

图 6-11　青蒿素的提取、分离和鉴定流程

本实验通过对青蒿素完整的提取、纯化、鉴定过程训练，掌握波谱分析在天然产物结构表征方面的应用，并了解复杂结构化合物的波谱综合解析方法。

三、仪器和试剂

(1) 仪器：三用紫外分析仪，熔点仪，红外光谱仪，超导核磁共振仪，质谱仪，旋转蒸发仪，索氏提取器等。

(2) 试剂：中药青蒿，青蒿素标准品，石油醚(30～60℃，A.R.)，乙酸乙酯(A.R.)，柱层析硅胶(80～100目)，柱层析硅胶(200～300目)，GF$_{254}$硅胶板(2.5 cm × 7.5 cm)，石英砂(40～80目)，溴化钾(S.P.)，氘代氯仿[D 99.9%，0.03% (体积分数) TMS]。

四、实验步骤

1. 青蒿素粗品的提取

称取 40 g 青蒿末，装入索氏提取器(150 mL)的滤纸套筒内。在 250 mL 烧瓶中加入 150 mL 石油醚(30～60℃)，水浴加热连续抽提 2 h。当冷凝液刚刚虹吸下去时，立即停止加热。稍冷后用旋转蒸发仪将浸提液浓缩，回收溶剂。保留残液 3 mL 左右，趁热转移到 10 mL 锥形瓶中。用少许石油醚(约 1 mL)洗涤烧瓶，将洗涤液合并至锥形瓶中。放置过夜，待结晶完全析出后，用滴管小心地将母液吸去，再用约 1 mL 冷石油醚将青蒿素粗品洗涤 1～2 次。将母液与洗涤液移入收集瓶中，留取少量样品供纯度对比检测用，其余部分供柱层析分离用。

2. 青蒿素的纯化

配制洗脱液($V_{石油醚}$：$V_{乙酸乙酯}$ ＝6：1)50 mL，装入滴液漏斗。选取内径 1.0～1.5 cm 层析柱，使用石油醚湿法装入 5 g 柱层析硅胶(200～300 目)，用木块或带橡胶塞的玻璃棒轻轻敲打柱身下部，使硅胶填充均匀紧实。注意不能使洗脱剂液面低于硅胶的上层。

　　取少量柱层析硅胶(80～100 目)于蒸发皿中，将青蒿素粗品用 1 mL 乙酸乙酯溶解，分次滴到蒸发皿的硅胶上，再用少许乙酸乙酯洗涤锥形瓶，将洗涤液也滴在硅胶上，拌匀。将蒸发皿隔水加热使乙酸乙酯全部挥发，冷却。

　　当石油醚液面高于硅胶面约 1 cm 时，将吸附了样品的硅胶加在层析柱上端，压上约 0.5 cm 厚的石英砂。当石油醚流至接近石英砂面时，立即加入少量石油醚，如此重复 3～5 次，直至不再有样品萃取至上层溶液为止。若无黄色色带，也可直接用石油醚-乙酸乙酯洗脱；若有黄色色带，继续用石油醚洗至无黄色色带为止。层析柱下方用 50 mL 锥形瓶收集黄色洗脱液，然后换用石油醚-乙酸乙酯洗脱剂洗脱。控制好流出速度，洗脱青蒿素粗品。用 5 mL 锥形瓶或试管分段收集，每份收集约 3 mL，直至青蒿素全部洗下。用薄层色谱检查洗脱液中组分情况，选取纯青蒿素洗脱液合并。

　　使用旋转蒸发仪回收溶剂至约 3 mL，趁热将浓缩液转移至小样品瓶中，放置过夜，使结晶完全。抽滤，每次用约 0.5 mL 石油醚洗涤两次，回收母液。结晶，65℃烘干，称量。

3. 青蒿素的纯度检测

　　测定青蒿素纯品的熔点，根据熔点判断青蒿素的纯度情况。配制少量 1%青蒿素粗品、青蒿素纯品和青蒿素标准品的乙酸乙酯溶液，展开剂为石油醚-乙酸乙酯($V_{石油醚}$：$V_{乙酸乙酯}$ = 4：1)。将上述三种溶液点在 GF$_{254}$硅胶板上，待乙酸乙酯挥干后，放在展开槽内展开。层析完成后，晾干，在三用紫外分析仪下观察分离情况。根据 R_f值对比及斑点数目，鉴别青蒿素并判断青蒿素粗品和纯品的纯度情况。

4. 青蒿素纯品的结构表征

　　采用 KBr 压片法测定红外光谱；配制氘代氯仿溶液，测定核磁共振氢谱及核磁共振碳谱；直接探头进样，测定电子轰击源质谱。对数据进行处理，绘图。与文献对比，对特征峰进行归属。

五、谱图解析说明

　　青蒿素红外光谱的主要特征吸收峰为六元环内酯羰基的伸缩振动和过氧基的伸缩振动，其他主要峰就是常规的碳氢键的伸缩振动和变形振动、碳碳单键的伸缩振动及 C—O—C 键的伸缩振动，通过与标准品的红外光谱对比可以鉴定青蒿素。

　　关于其核磁共振谱，青蒿素骨架由四个环稠合而成，结构中没有对称因素，具有多个手性碳，除了羰基外，所有的氢和碳都是饱和的，因此氢谱和碳谱归属困难很大。氢谱中，除了与氧和羰基相邻的两个次甲基外，其余氢的化学位移都集中在 1～2 的狭窄范围内。三个甲基可以根据积分值找到，其中一个与氧靠近，并且连接的碳为季碳，为甲基中化学位移最大的单峰；另外两个甲基都会裂分为双峰，化学位移和耦合常数接近，不容易区分。其余氢包括四个亚甲基和三个次甲基。四个亚甲基都与手性中心相邻，亚甲基的两个氢不等价，化学位移接近，耦合裂分复杂；次甲基情况与其类似。碳谱中，十五个碳独立出峰，羰基碳在最低场；与氧相连的三个碳，根据氧原子影响强弱可以区分；其余的碳集中在 10～50，根据化学位移很难一一确认，需要查阅文献对核磁共振数据进行整理和归属。

青蒿素的质谱裂解途径比较复杂，主要是由于过氧键和碳氧单键发生断裂以及伴随的氢重排等产生的脱水、羰基、乙烯酮等的特征碎片离子，这些裂解受测试条件的影响较大。

六、思考题

(1) 青蒿素是从哪种植物中分离得到的？其资源分布情况如何？

(2) 青蒿素的结构是如何确定的？

(3) 查阅文献，了解青蒿素结构的确证过程。

实验三十六　　布洛芬片剂中布洛芬的提取及拆分

一、实验内容与要求

(1) 从布洛芬片剂中提取布洛芬,通过制成非对映体盐进行对映体拆分。测定外消旋布洛芬和非对映体盐的核磁共振氢谱,找出对映体之间的结构差异特征。

(2) 通过实践学习使用高场强核磁共振氢谱观察手性化合物。

(3) 了解手性化合物的拆分方法。

二、基本原理

布洛芬(ibuprofen,IBU)是广泛用于临床的一种非甾体类解热镇痛抗炎药,是治疗风湿性关节炎、类风湿性关节炎、骨关节炎、强直性脊椎炎和神经炎等重大疾病的首选药品,也用于治疗普通感冒或流行性感冒引起的发热。

布洛芬的化学名称为 2-(4-异丁基苯基)丙酸,分子式 $C_{13}H_{18}O_2$,为白色结晶性粉末,稍有特异臭。在乙醇、丙酮、氯仿或乙醚中易溶,在水中几乎不溶;在氢氧化钠或碳酸钠溶液中易溶。布洛芬含有一个手性碳原子,因此存在一对光学活性对映异构体(图 6-12)。

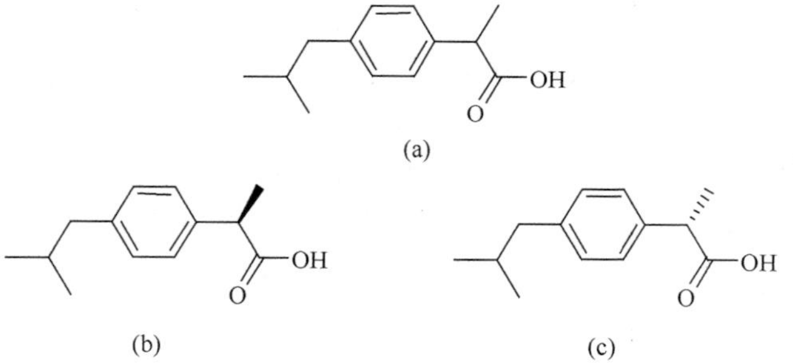

图 6-12　外消旋布洛芬(a)、左旋布洛芬(b)和右旋布洛芬(c)的结构式

现代研究发现布洛芬的药理活性主要来自右旋体,即(S)-(+)-IBU,其在疗效、安全性和药代动力学特性方面都优于外消旋布洛芬。其对映体(R)-(−)-IBU 具有多种潜在的毒副作用,并且容易在脂肪组织中堆积储存。用右旋布洛芬不仅可以降低布洛芬的使用剂量,还可降低诱发潜在毒性的可能性。目前市售的多为布洛芬外消旋体,但是(S)-(+)-IBU 制剂的市场份额正在逐年增加。

目前获取手性化合物的方法主要有三种:不对称合成法、酶拆分法和化学拆分法。其中,化学拆分法适合于分子中含有羧基、羟基和氨基等活性基团的外消旋体,这些活性基团可以与某一手性拆分剂发生反应,将外消旋体中的两种对映体转化成两种非对映异构体，然后利用非对映异构体的物理性质(如溶解度)的差异，将两个非对映异构体分开。由于常用的手性拆分剂多为酸或碱,因此化学拆分法又称为非对映体盐法。非对映体盐法中，溶剂条件、溶剂的量等对拆分结果影响很大。

采用非对映体盐法制备右旋布洛芬具有工艺简便、原料易得、易于工业化等优点,目前仍然是国内外应用最为广泛的方法。一般用手性胺进行布洛芬非对映体的拆分,常用的手性拆分剂有 α-苯乙胺、L-赖氨酸、葡甲胺和葡辛胺等(图 6-13)。

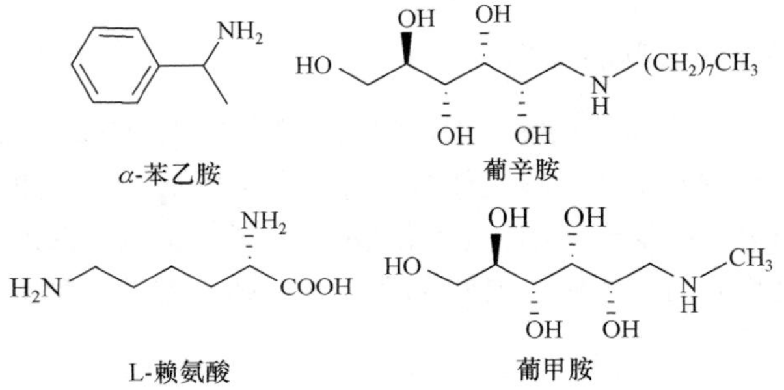

图 6-13　常用手性拆分剂的结构式

本实验以(R)-(+)-α-苯乙胺[(R)-(+)-PhEA]为拆分剂从布洛芬药剂提取的外消旋布洛芬中拆分获得(R)-(−)-IBU。理论上说，手性胺会优先与对映体中某一构型的组分成盐，此处(R)-(+)-PhEA 优先与(R)-(−)-IBU 成盐，如图 6-14 所示。

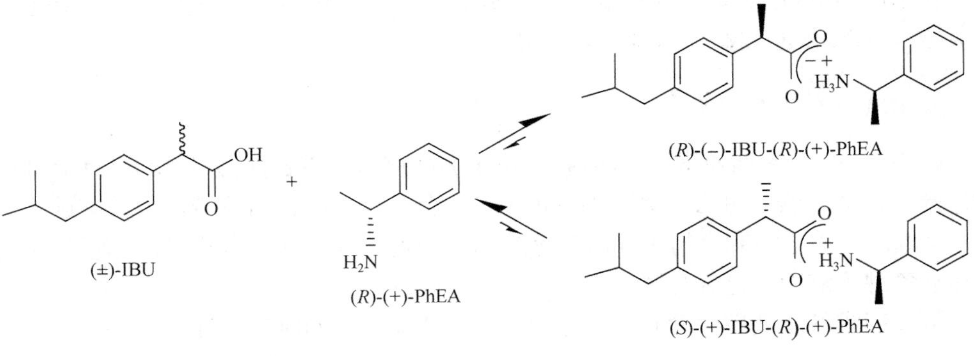

图 6-14　IBU 与(R)-(+)-PhEA 形成非对映体盐

(R)-(−)-IBU-(R)-(+)-PhEA 水解可以得到(R)-(+)-PhEA 和(R)-(−)-IBU。主要步骤是布洛芬苯乙胺盐在酸性环境中水解，萃取分离出布洛芬，然后加碱调节 pH，分离出苯乙胺；布洛芬苯乙胺盐在碱性环境中水解，同样可分离出布洛芬和苯乙胺。这样可以回收手性拆分试剂(R)-(+)-PhEA 及非目标对映体布洛芬(S)-(+)-IBU，回收的(S)-(+)-IBU可经过消旋化成为外消旋体进入下一轮拆分。

本实验通过测定布洛芬片剂中提取的外消旋布洛芬和非对映体盐的核磁共振氢谱，了解应用核磁共振氢谱观察手性化合物的方法。

三、仪器和试剂

(1) 仪器：三用紫外分析仪，熔点仪，旋光仪，超导核磁共振仪等。

(2) 试剂：布洛芬片(9 片)，(R)-(−)-布洛芬(A.R.)，(S)-(+)-布洛芬(A.R.)，(R)-(+)-α-苯乙胺(A.R.)，(1S,2S)-(−)-1,2-二苯乙二胺，无水乙醇(A.R.)，异丙醇(A.R.)，1 mol/L 盐酸(A.R.)，乙醚，硫酸镁，去离子水，氘代氯仿[D 99.9%，0.03% (体积分数) TMS]。

四、实验步骤

1. 外消旋布洛芬的提取和纯化

将 9 片布洛芬片置于研钵中研碎，然后将药粉全部转入 50 mL 锥形瓶中，加入 30 mL 无水乙醇搅拌后静置过夜。过滤，减压蒸除溶剂乙醇得粗布洛芬。将粗布洛芬溶解在尽量少的热异丙醇溶剂中，冷却至室温，逐滴加入去离子水至溶液浑浊，用冰水冷却，至沉淀不再析出，离心分离，得到外消旋布洛芬，干燥，称量。测定熔点和在乙醇溶液中的比旋光度。

2. 非对映体盐的制备

在 25 mL 圆底烧瓶中依次加入 1.2 g(5.8 mmol)外消旋布洛芬和 15 mL 无水乙醇，溶解，加热至 60℃。搅拌下缓慢滴加 0.75 mL(0.70 g，5.8 mmol)(R)-(+)-α-苯乙胺，搅拌，加热回流 15 min。溶液澄清后，缓慢冷却至室温，放置 10 h。滤出结晶，母液备用。将结晶在 45℃干燥箱中干燥 1.5 h，转移至干燥器中冷却至室温，得到(R)-(−)-布洛芬-(R)-(+)-α-苯乙胺盐。称量，测定熔点。

3. (R)-(−)-布洛芬的制备

在 100 mL 分液漏斗中加入(R)-(−)-布洛芬-(R)-(+)-α-苯乙胺盐和 30 mL 1 mol/L 盐酸，剧烈振荡。然后用乙醚萃取(10 mL × 5)。合并有机相，用硫酸镁干燥。过滤干燥剂，蒸馏除去溶剂，剩余物用异丙醇重结晶，得到(R)-(−)-布洛芬产品。称量，测定熔点和在乙醇溶液中的比旋光度。

可以回收各步处理中含有布洛芬的母液，浓缩后，回收混消旋布洛芬。

4. 核磁共振氢谱的测定

(1) 测定外消旋布洛芬、(R)-(−)-布洛芬标准品、(S)-(+)-布洛芬标准品、(R)-(−)-布洛芬-(R)-(+)-α-苯乙胺盐和(R)-(−)-布洛芬产品的核磁共振氢谱。

(2) 将 10 mg 外消旋布洛芬溶解在 0.5 mL 氘代氯仿中，加入 5 mg (1S,2S)-(−)-1,2-二苯乙二胺的 0.5 mL 氘代氯仿溶液，混合均匀。将该溶液加入核磁共振样品管中，使待测试样高度 5 cm 左右，测定核磁共振氢谱。

五、谱图解析说明

(1) 手性异构体在非手性环境中表现出完全相同的理化性质，但在手性环境中出现了差异，利用手性试剂可以观察研究手性化合物的立体结构。通过对比外消旋布洛芬和手性布洛芬在(1S,2S)-(–)-1,2-二苯乙二胺加入前后的谱图，可以观察到手性碳所在区域质子的变化。

(2) 为了使氢谱观察效果明显，必须使用高磁场强度的仪器，最低 400 MHz。

六、思考题

(1) 运用 ^{1}H NMR 技术进行对映异构体研究有哪些优势？

(2) 应用核磁共振氢谱如何测定对映体的相对含量？

实验三十七　中药丹参有效成分的提取及其指纹图谱研究

一、实验内容与要求

(1) 学习丹参有效成分总丹参酮的提取并应用指纹图谱进行质量评价。

(2) 了解天然产物化学成分的提取、分离和表征方法。

(3) 通过实践了解中药指纹图谱及其分析研究的方法。

二、基本原理

中药在我国使用历史悠久。中药是复杂的药物体系，其单味药中含有几十种甚至数百种化学成分，大部分中药的有效成分未被阐明或仅部分阐明。产地气候条件、生长环境、栽培方法、采收季节、加工方法、储藏条件的不同都会导致药材在质量上存在差异。

中药质量评价是保证其安全性和有效性的重要前提，药用资源质量安全可控有利于药材品质从源头上得到保障。中药鉴别和品质评定的方法很多，有传统的形态鉴别、性状比较和感官评定方法；现代的显微结构观察、光谱和色谱学评价方法；以及近年来提出的分子生物学方法和指纹图谱技术等。这些新的质量评价技术和方法对中药的现代化和国际化起到了极大的推动作用。

指纹图谱是在化学成分研究和药理学研究的基础上建立起来的，一般是指某种(或某种产地)中药材或中药制剂经适当处理后，采用一定的分析手段，得到能够标志该中药材或中药制剂特征的色谱或光谱图。中药化学成分的多样性和复杂性是发挥其药效的物质基础，为了有效地控制中药质量，与中医药的传统理论相适应，指纹图谱并不单独依靠对中药材某种有效成分或指标性成分的定量定性分析，而是从整体上研究和鉴别中药中复杂的物质体系，体现对中药内在质量的综合评价和全面控制。因此，指纹图谱需要具备三个特征：①系统性：指纹图谱所反映的化学成分，其中包括中药有效部位所含主要成分的种类或指标成分的全部；②特征性：指纹图谱所反映的化学成分信息是具有高度选择性的，这些信息的综合结果能特征地区分中药的真伪与优劣，成为中药自身的"化学条码"；③稳定性：所建立的指纹图谱，在规定的方法与条件下，不同的操作者和不同的实验室能做出相同的指纹图谱。

在指纹图谱建立过程中，依据采用的分析仪器设备，可进一步将指纹图谱分为色谱(如薄层色谱、气相色谱、高效液相色谱、高效毛细管电泳)指纹图谱、光谱(如紫外光谱、红外光谱、核磁共振谱、质谱)指纹图谱及色谱-光谱联用指纹图谱等。测试样品需根据中药所含化学成分的理化性质和检测方法要求选择适宜的制备方法，保证中药中的主要化学成分或有效成分在指纹图谱中完整呈现。与色谱指纹图谱相比，光谱指纹图谱无须复杂的前处理和预分离，并具有分析速度快、操作简便、可同时测定多种组分等特点，能够很好地表征中药材或中药制剂内在化学成分特征及相对之间含量的差异，对中药进行质量的综合评价和控制。

光谱方法常用的有紫外-可见光谱、红外光谱、核磁共振谱及质谱等。紫外-可见光谱和红外光谱都是样品所含多种成分特征吸收光谱的叠加。紫外-可见光谱主要反映了化合物的共轭情况和芳香性，在一定程度上反映了中药化学成分的差异。如果中药亲缘关系相近，则紫外-可见光谱不易区分。红外光谱主要反映了化合物中化学键的伸缩振动和变形振动信息，并非只是对单纯的官能团进行表征，对整个化合物分子的鉴别专一性更强。几乎每种中药成分都有特征的红外光谱吸收，红外光谱能够反映所有成分的综合信息，但整体上红外光谱所给出的指纹特征并不明显。核磁共振指纹谱图信息量多，谱图与中药间存在严格的对应关系，具有高度的特征性和重现性。质谱无论仪器种类还是测试方法都比较多，所得质谱图中分子离子峰、络合离子峰、碎片离子峰等提供了丰富的指纹性较强的特征信息可供鉴别。另外，质谱法在中药指纹图谱的研究中常与高效液相色谱法、气相色谱法、高效毛细管电泳法等技术联用，对指纹图谱中的部分色谱峰在无标准物质验证的情况下起到定性鉴别的作用。指纹图谱的辨认应注意整体性，并注意各具有指纹意义的谱峰之间的相互关系。

由于中药指纹图谱反映的体系非常复杂，对从整体上表征中药复杂体系所含化学成分的差异情况，图谱的相似度评价非常关键。目前，常用的相似度评价方法有距离系数法、向量夹角余弦法、相关系数法、峰重叠率法(Nei系数法)与峰重叠率和共有峰强度结合法(改进Nei系数法)等。这些方法均有各自的特点和应用范围，在此不做一一介绍。实际应用中，应针对具体问题选用适合的相似度评价方法，以便更好地进行中药质量控制。

中药丹参为唇形科鼠尾草属多年生草本植物丹参(*Salvia miltiorrhiza*)的干燥根及根茎，是我国传统医药学中应用最早且最广泛的药物之一，具有祛淤止痛、活血通经、除烦清心、凉血消肿等功效。临床上提取有效成分作制剂的药物主要有丹参注射液、哌克昔林(冠心宁)、复方丹参片、复方丹参滴丸等。丹参药材广泛分布于华北、华东、中南和西北诸省，在质量上存在很大差异。这个差异可以根据有效成分和含量的不同进行鉴定。丹参有效成分按溶解性可分为脂溶性和水溶性两大类。其中，脂溶性成分多为二萜醌类化合物，目前研究多以丹参酮Ⅰ、二氢丹参酮Ⅰ、丹参酮ⅡA和隐丹参酮等多种脂溶性成分联合作为质量测定的指标；水溶性成分主要有丹酚酸B、原儿茶酸和丹参素等，目前多以丹酚酸B作为水溶性代表成分进行质量控制。丹参酮Ⅰ、二氢丹参酮Ⅰ、丹参酮ⅡA、隐丹参酮和丹酚酸B的结构如图6-15所示。

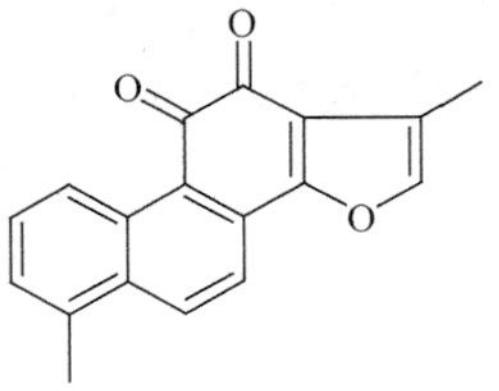

(a) 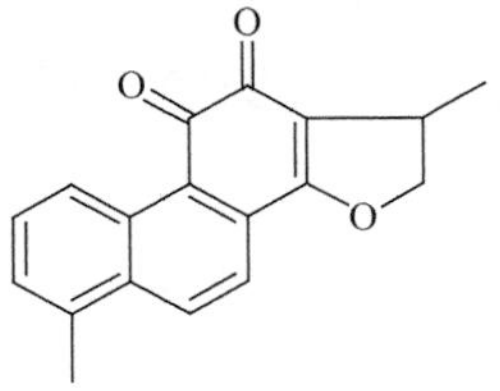　　　　　　　(b) 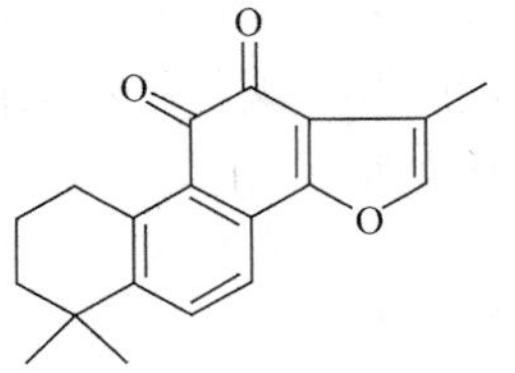　　　　　　　(c)

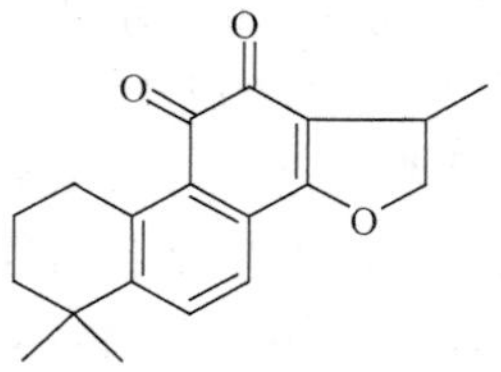

(d) 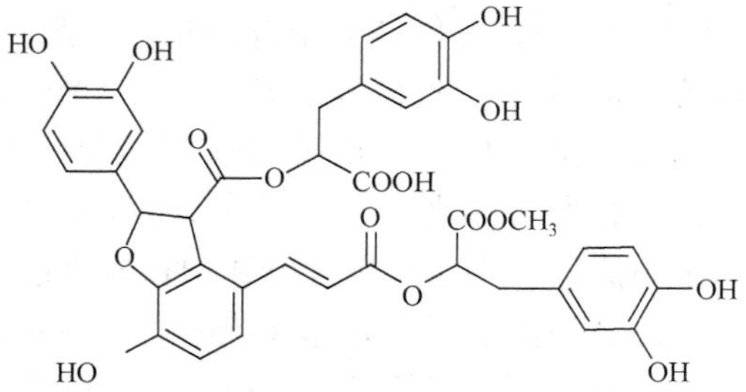　　　　　　　　　　　　　　　　　(e)

图 6-15　丹参酮 I (a)、二氢丹参酮 I (b)、丹参酮 II A(c)、隐丹参酮(d)和丹酚酸 B(e)的结构式

本实验以中药丹参标准品及主要有效成分为准，测定原药粉末的红外光谱；原药提取物在保证精密度、稳定性和重复性前提下，采集核磁共振碳谱的指纹图谱，对丹参对照品进行分析和鉴别，比较丹参对照品的品质，并结合主要有效成分谱图和文献对其所含的化学特征成分进行鉴定。

以丹参药材标准品指纹图谱为参照，通过向量夹角余弦法进行对照品相似度分析。具体分析方法说明如下：向量夹角余弦法是以 N 个数值组成的行(x_1, x_2, x_3,…, x_n)称为 N 维向量，简记为字母 X。如果存在两个向量 X 及 Y，则 X、Y 之间的向量夹角按照下列公式计算。如果 $\cos\theta$ 越接近 1，则说明两个向量越相似。

$$\cos\theta = \frac{\sum_{i=1}^{n} x_i y_i}{\sqrt{\sum_{i=1}^{n} x_i^2} \times \sqrt{\sum_{i=1}^{n} y_i^2}} \tag{6-5}$$

每个 NMR 指纹图谱都可以看作一组对应化学位移的峰高(或峰面积)的数值，可将这组数值看作多维空间中的向量，使两个指纹图谱间相似性的问题转化为多维空间的两个向量的相似性问题，利用上面的公式计算 $\cos\theta$，定量表征指纹图谱间的相似性。

本实验通过对丹参有效成分总丹参酮提取物进行指纹图谱测定，了解天然产物化学成分的提取、分离和表征方法，以及中药指纹图谱在质量评价中的应用。

三、仪器和试剂

(1) 仪器：超声波发生器，红外光谱仪，旋转蒸发仪，超导核磁共振仪。

(2) 试剂：丹参标准品，丹参对照品，90%乙醇(A.R.)，丹参酮 I (A.R.)，二氢丹参酮 I (A.R.)，丹参酮 II A(A.R.)，隐丹参酮(A.R.)，氘代氯仿[D 99.9%，0.03%(体积分数)TMS]，溴化钾(S.P.)。

四、实验步骤

1. IR 样品的制备与图谱测定

将丹参标准品和对照品低温干燥，粉碎，过 200 目筛，得到丹参粉末。分别取 2～

5 mg 粉末加 KBr 压片，在 25℃测定两者的红外光谱指纹图谱，进行谱图对比与特征峰指认。

2. ^{13}C NMR 样品的制备与图谱测定

取丹参标准品和对照品各 5 g，加 25 mL 90%乙醇，超声提取 45 min。滤取提取液，在旋转蒸发仪上蒸除溶剂，残余物干燥备用。在 25℃测定丹参酮 I、二氢丹参酮 I、丹参酮 II A、隐丹参酮、丹参标准品及对照品提取物的 ^{13}C NMR 谱。对丹参标准品和对照品的 ^{13}C NMR 指纹图谱进行分析，做出相似度评价；将指纹图谱与其有效成分的 ^{13}C NMR 谱进行比较与特征峰指认。

五、谱图解析说明

1. 丹参的红外光谱分析

丹参中所含的固有成分主要有脂溶性丹参酮类、水溶性酚酸类等，采用原药测定其成分不会被人为干扰破坏。丹参的红外光谱图体现了各种成分的红外吸收，反映了主要活性基团有关的特征峰及相对含量。根据其整体红外指纹图谱的峰形、峰位置、峰强度等特征可以对丹参进行有效鉴别，能够反映不同来源样品的差异性，判别真伪和质量的稳定性等。

2. 丹参的核磁共振碳谱分析

指纹图谱的研究从技术角度可分为图谱的获得和特征指纹图谱的制作两个阶段。制样方法和分析方法的选择和操作对指纹图谱有直接影响。^{13}C NMR 指纹图谱包含中药材提取物所有物质的碳原子信号，可以全面地反映其整体化学组成，同时指纹图谱中的特征峰以其特征信号便于鉴别和指认。因此，丹参提取物的 ^{13}C NMR 指纹图谱可以结合整体面貌和局部特征两方面反映丹参的整体特征。丹参中的特征峰分为三类：酮羰基、芳环和饱和碳。根据所处化学环境的不同，表现出各自的差异。通过比较标准品和对照品丹参的特征提取物谱图，可以看出整体峰形和特征峰，并且不同样品之间均存在一定的差异，这些信号可用于指纹判别。丹参提取物的 ^{13}C NMR 指纹图谱与其丹参酮类成分(丹参酮 I、二氢丹参酮 I、丹参酮 II A 和隐丹参酮)的 ^{13}C NMR 特征峰的比较，可以在整体上了解丹参特征面貌的同时，对其特征成分进行指认和鉴别，进而为其质量控制提供参考依据。对指纹图谱的评价应着眼于整体的特征分析，准确辨认，不要被细枝末节羁绊。

3. 丹参的核磁共振碳谱指纹图谱相似度计算

利用向量夹角余弦法计算 ^{13}C NMR 指纹图谱的相似度能够定量地对获得的指纹图谱进行科学有效的评价，计算结果可以用来判断丹参有效成分及含量等是否一致。如果指纹图谱相似度存在较大差异，可以归为伪品或其他种属药材。

六、思考题

(1) 查阅文献，总结评价中药指纹图谱相似性的常用方法及各自的优缺点。

(2) 查阅文献，讨论光谱法研究中药指纹图谱的前景。

(3) 分析丹参的红外光谱指纹图谱，归属主要特征峰。

(4) 分析丹参的核磁共振碳谱指纹图谱，找出丹参主要有效成分的特征峰。

参 考 文 献

白泉, 王超展. 2015. 基础化学实验Ⅳ: 仪器分析实验. 北京: 科学出版社

常建华, 董绮功. 2012. 波谱原理及解析. 3 版. 北京: 科学出版社

陈惠清. 2006. 红外指纹图谱鉴别丹参的研究. 中国中药杂志, 31(15): 1285-1286

陈琳, 孙福强. 2017. 有机化学实验. 2 版. 北京: 科学出版社

樊能廷. 1992. 有机合成事典. 北京: 北京理工大学出版社

关洪月, 李林, 刘晓, 等. 2011. 中药指纹图谱相似度计算方法探析. 中国实验方剂学杂志, 17(18): 282-287

国家药典委员会. 2010. 中华人民共和国药典. 一部. 北京: 中国医药科技出版社

姜艳, 韩国防. 2010. 有机化学实验. 2 版. 北京: 化学工业出版社

焦剑, 雷渭媛. 2003. 高聚物结构、性能与测试. 北京: 化学工业出版社

李珺, 张逢星, 李剑利. 2011. 综合化学实验. 北京: 科学出版社

毛宗万, 童叶翔. 2008. 综合化学实验. 北京: 科学出版社

聂磊, 曹进, 罗国安, 等. 2005. 中药指纹图谱相似度评价方法的比较. 中成药, 27(3): 249-252

曲蕙名, 楚杰, 韩利文, 等. 2017. β-胡萝卜素提取方法、生理功能及应用研究进展. 中国食物与营养, 23(8): 37-41

宋桂兰. 2010. 仪器分析实验. 北京: 科学出版社

邢其毅, 裴伟伟, 徐瑞秋, 等. 2016. 基础有机化学(上册). 4 版. 北京: 北京大学出版社

杨万龙, 李文友. 2008. 仪器分析实验. 北京: 科学出版社

于世林. 1993. 波谱分析法实验与习题. 重庆: 重庆大学出版社

曾昭琼. 2000. 有机化学实验. 3 版. 北京: 高等教育出版社

查英, 官玲亮, 白琳, 等. 2019. 天然冰片研究进展. 热带农业科学, 39(3): 97-104

张剑荣, 余晓冬, 屠一锋, 等. 2009. 仪器分析实验. 2 版. 北京: 科学出版社

张娟娟, 孙巍, 张磊, 等. 2017. 复方丹参滴丸及原药材指纹图谱研究进展. 药物评价研究, 40(6): 859-865

赵丽琴, 彭黔荣, 李剑, 等. 2018. 胡萝卜中 β-胡萝卜素提取方法研究进展. 中国调味品, 43(7): 158-164

祝贺, 袁延强, 孙庆雷, 等. 2008. 丹参的 ^{13}C-NMR 指纹图谱研究. 亚太传统医药, 4(10): 21-23

Alves P B, Victor M. 2009. Reaction of camphor with sodium borohydride: A strategy to introduce the stereochemical issues of a reduction reaction. Química Nova, 33(10): 2274-2278

Hao H D, Li Y, Han W B, et al. 2011. A hydrogen peroxide based access to qinghaosu(artemisinin). Organic Letters, 13(16): 4212-4215

Izunobi J, Higginbotham C L. 2011. Polymer molecular weight analysis by ^{1}H NMR spectroscopy. Journal of Chemical Education, 88(8): 1098-1104

Lang P T, Harned A M, Wissinger J. 2011. Oxidation of borneol to camphor using oxone and catalytic sodium chloride: A green experiment for the undergraduate organic chemistry laboratory. Journal of Chemical Education, 88(5): 652-656

Sen S E, Anliker K S. 1996. ^{1}H NMR analysis of R/S ibuprofen by the formation of diastereomeric pairs. Journal of Chemical Education, 73(6): 569-572

Trung T Q, Kim J M, Kim K H. 2006. Preparative method of *R*-(−)-ibuprofen by diastereomer crystallization. Archives of Pharmacal Research, 29(1): 108-111

Wackerly J W, Dunne J F. 2017. Synthesis of polystyrene and molecular weight determination by ^{1}H NMR end-group analysis. Journal of Chemical Education, 94(10): 1790-1793

Williams D H, Fleming I. 2011. Spectroscopic Methods in Organic Chemistry. 6th ed. Beijing: World Publishing Corporation

Yang M Y, Khine A A, Liu J W, et al. 2018. Resolution of isoborneol and its isomers by GC/MS to identify "synthetic" and "semi-synthetic" borneol products. Chirality, 30(11): 1233-1239